LA VIE DANS LE COSMOS

DO**MI**NOS
Collection dirigée par Michel Serres
et Nayla Farouki

FRANÇOIS RAULIN

LA VIE DANS LE COSMOS

Un exposé pour comprendre
Un essai pour réfléchir

DOMINOS
Flammarion

François Raulin. Ingénieur ESPCI, docteur ès sciences, chimiste et exobiologiste, François Raulin est professeur à l'université Paris XII – Val-de-Marne. Il y dirige la licence et la maîtrise de chimie ainsi que le groupe de physico-chimie organique spatiale au sein du LISA (Laboratoire interuniversitaire des systèmes atmosphériques, associé au CNRS).

Passionné par les recherches sur les origines de la vie et la chimie organique extraterrestre, il est, dans la mission spatiale Cassini-Huygens vers Saturne et Titan, scientifique interdisciplinaire, représentant l'exobiologie.

Il est auteur ou coauteur de très nombreux articles dans des revues scientifiques spécialisées internationales, d'articles de vulgarisation et de deux livres : *L'Apparition du vivant*, publié par Presses-Pocket dans la collection « Explora » en 1991, et *L'Évolution chimique et les Origines de la vie*, qu'il a écrit en collaboration avec André Brack, publié par Masson dans la collection « Les grands problèmes de l'évolution ».

ISBN : 2-08-035185-0
Imprimé en France

Sommaire

La première fois qu'apparaît un mot relevant d'un vocabulaire spécialisé, explicité dans le glossaire, il est suivi d'un *

Avant-propos

L'idée que la vie puisse exister ailleurs que sur notre planète ne date certainement pas d'hier. En revanche, l'établissement d'une science, reconnue par les instances officielles, pour l'étude de la vie extraterrestre est très récente. Cette science, c'est l'exobiologie*, née avec le développement de l'exploration spatiale. En effet, lorsque l'Agence spatiale américaine, la NASA (*National Aeronautic and Space Administration*), a lancé le programme Apollo, s'est très vite posée la question de la vie extraterrestre : en allant sur la Lune, ne risquait-on pas de la contaminer par des germes vivants terrestres ? Et surtout, ne risquait-on pas de contaminer notre propre planète par d'éventuels germes vivants lunaires, et de mettre ainsi en péril la vie terrestre ? Il semblait donc indispensable d'étudier en détail la possibilité d'une vie sur la Lune, et de déterminer la probabilité d'existence de tels systèmes vivants, et de leur possible interaction avec la vie terrestre.

C'est en effet dans les années 60 que le mot « exobiologie » a été inventé. Son auteur, le biologiste

Joshua Lederberg, trouvait que « *extraterrestrial biology* » (biologie extraterrestre) était trop difficile à prononcer (du moins pour un Américain). Il proposa cet autre terme, qui, par conséquent, correspondait initialement à la science de la vie extraterrestre. Généralement accepté par la communauté scientifique, peut-être en partie grâce à la réputation de son inventeur (Lederberg fut lauréat du prix Nobel de médecine et physiologie en 1958), l'exobiologie est devenue progressivement un domaine scientifique multidisciplinaire à part entière. Mais son champ de recherche s'est considérablement agrandi : il n'est plus limité à la recherche de la vie extraterrestre. L'exobiologie est devenue, de façon générale, l'étude de la vie dans l'Univers, plus précisément, l'étude des origines, de la distribution et de l'évolution de la vie – ainsi que des structures et processus qui y sont associés – dans l'Univers.

L'exobiologie est une science qui se cherche encore, mais qui a déjà trouvé ses voies. C'est l'évolution de ce domaine, à travers celle de ses définitions, qui est décrite ici, ainsi que ce qu'elle devrait être dans les années à venir.

Un amas de vers géants.
Malgré les conditions extrêmes de température (plus de 100 °C) et surtout de pression (250 atmosphères) qui règnent au voisinage de cette source chaude abyssale, dans l'océan Pacifique, ces évents marins, découverts par 3 000 m de fond, fournissent un exemple spectaculaire de niches écologiques inattendues. Ce milieu a peut-être été aussi un environnement privilégié pour l'origine de la vie sur Terre.
Ph. © IFREMER.

Du mythe
à la réalité scientifique

La pluralité des mondes habités

« Comme il serait déraisonnable de supposer qu'en dehors de la Terre et du ciel que nous apercevons, il n'existe pas d'autres ciels ni d'autres Terres. » (Teng Mu, philosophe chinois, XIIIe siècle.)

Giordano Bruno

Si, à l'occasion, vos pas vous menaient dans le XIVe arrondissement de Paris, prenez donc la rue Ledion vers la rue des Plantes. A mi-chemin, cette petite voie change curieusement de nom et devient rue Giordano-Bruno. Là, exactement face à l'entrée des fournisseurs de l'hôpital Notre-Dame-de-Bon-Secours, sur le muret qui longe la voie ferrée de la Petite Ceinture, vous découvrirez une petite plaque dorée. Vous pourrez y lire l'inscription suivante : « Giordano Bruno, 1548-1600, philosophe de la Renaissance, défenseur de la liberté de conscience. » En l'an de grâce 1600, Giordano Bruno disparaissait dans les flammes du bûcher, condamné à être brûlé vif par l'Église catholique et romaine. Quel crime horrible avait-il commis ? Il avait osé penser que la Terre n'est peut-être pas le seul astre de l'Univers à abriter la vie, que l'Univers est infini, évoluant éternellement et… peuplé d'êtres vivants. Dans son ouvrage *Del' infinito universo e mondi* on peut en effet lire : « Il existe d'innombrables soleils et d'innombrables terres tournant autour de leur soleil exactement comme nos sept planètes tournent autour de notre Soleil. Des êtres vivants habitent ces mondes. »

Et pourtant, il est probable que, pour arriver à cette idée, le savant italien n'avait eu qu'à lire attentivement certains ouvrages déjà publiés depuis longtemps à son époque, en particulier ceux de Nicolas Copernic (1473-1543). En effet, dans le traité *De revolutionibus orbium caelestium,* libri V, publié en 1543, Copernic proposait l'hypothèse du double mouvement des planètes, sur elles-mêmes et, surtout, autour du Soleil, niant ainsi que la Terre soit au centre du monde. Pour cette idée hautement hérétique, Copernic aurait dû, sans doute, précéder Giordano Bruno sur le bûcher. Mais l'Inquisition n'eut pas le temps de le condamner : Copernic disparut – de mort naturelle – quelques mois seulement après la publication de son ouvrage.

Quatre-vingt-dix ans plus tard, Galileo Galilei (1564-1642), qui professait des idées analogues, passa lui-même très près du bûcher et dut faire amende honorable en abjurant et maudissant, à genoux, ses « erreurs et hérésies », devant le tribunal de la Suprême et Universelle Inquisition de la sainte Église catholique : c'est bien la Terre et non le Soleil qui est au centre du monde. Cela ne l'empêcha cependant pas de continuer de penser que «*eppur, si muove*» («et pourtant elle tourne»).

Ainsi, Giordano Bruno eut le tort – et le courage – de tenir à ses idées, contraires à celles de l'Église. Il peut être considéré comme le premier martyr historique de l'exobiologie. D'autres, restés dans l'ombre, l'ont sans doute précédé. L'idée d'autres mondes habités est certainement vieille comme l'humanité. L'imagination débordante de l'Homo sapiens a en effet su peupler les différents astres, y compris ceux du Système solaire, du moins ceux qu'il pouvait observer, d'êtres vivants et même pensants.

De l'Antiquité au XIXe siècle

Aussi loin que l'on puisse remonter dans la mémoire de l'humanité, l'idée que la vie puisse exister ailleurs que sur Terre est constamment présente. On la trouve dans les écrits les plus anciens, les premiers livres hindous : il y est marqué que l'âme, après s'être incarnée sur notre planète, rejoint les astres célestes.

Le concept de vie extraterrestre est largement enseigné dans la Grèce antique. La plupart des philosophes (et mathématiciens) grecs, de Thalès (VIIe-VIe siècle av. J.-C.) à Pythagore (VIe siècle av. J.-C.), imaginent que des êtres sont présents sur la Lune, et sont convaincus de l'existence d'autres mondes, semblables au nôtre, des mondes où la vie est florissante et variée. Il en est de même des philosophes et poètes latins, tel Lucrèce (v. 98-55 av. J.-C.) qui proclame, dans son célèbre *De natura rerum*, que « partout où la matière immense trouvera un espace pour la contenir et ne rencontrera nul obstacle à son développement, elle fera éclore la vie sous des formes variées ».

Après la longue traversée du Moyen Age, l'hypothèse de la pluralité des mondes habités renaît progressivement. Le développement de l'astronomie instrumentale, lié à l'invention de techniques révolutionnaires – lunette, puis télescope –, éclaire d'un jour nouveau cette idée qui va réellement s'épanouir au XVIIe siècle.

Ce siècle débute pourtant fort mal, du moins en ce qui concerne le domaine qui deviendra l'exobiologie, avec l'exécution de Giordano Bruno. Lorsqu'il se termine, de nombreux ouvrages suggérant ou même décrivant explicitement d'autres mondes habités ont été publiés. C'est particulièrement le cas des *Entretiens sur la pluralité des mondes* de l'écrivain de renom Bernard Le Bovier de Fontenelle (1657-1757), qui paraît en 1686. C'est aussi le cas de l'ouvrage – beaucoup plus scientifique – *Cosmotheoros* publié en 1696 par l'astronome hollandais Christiaan Huygens (1629-1695).

Philosophes, écrivains et poètes, encyclopédistes et savants du XVIIIe siècle continuent de nourrir cette idée. On la retrouve dans les ouvrages d'Emmanuel Kant (1724-1804), les poèmes de Goethe (1749-1832) et les écrits de Pierre Simon Laplace (1749-1827), pour n'en citer qu'une infime fraction. Ces idées sont aussi reprises et largement diffusées par Camille Flammarion (1842-1925), sans qui le présent ouvrage n'aurait jamais vu le jour. C'est très certainement lui qui, à la fin du XIXe siècle, a le plus contribué à la diffusion du concept de l'universalité de la vie.

Camille Flammarion et la pluralité des mondes habités

Mariant de façon harmonieuse des qualités remarquables d'astronome et des talents d'écrivain et de vulgarisateur, Camille Flammarion a constamment défendu, avec vigueur et enthousiasme, le thème de *La Pluralité des mondes habités*. On le trouve, bien sûr, dans l'ouvrage qui porte ce titre et dont le résumé est explicite : « Étude où l'on expose les conditions d'habitabilité des terres célestes, discutées au point de vue de l'astronomie, de la physiologie et de la philosophie naturelle. » Mais elle est aussi présente dans la plupart de ses autres œuvres littéraires. *Les Mondes imaginaires et les Mondes réels* inclut une importante « revue critique des théories humaines, scientifiques et romanesques, anciennes et modernes, sur les habitants des astres » (*sic*). Ce thème est aussi largement présent dans la célèbre *Astronomie populaire* ou dans les *Contemplations scientifiques*. Bien que moins connu, ce dernier ouvrage est tout aussi convaincant. Ainsi, en concluant le chapitre sur la composition chimique des astres, il écrit : « Et lorsque nous songeons que ces étoiles innombrables sont autant de soleils [...] ; qu'il y a là, comme ici, les mêmes échanges, les mêmes mouvements, les mêmes transformations chimiques, la vie astronomique de l'Univers se dépouille de l'aridité sous laquelle on a coutume de nous l'offrir et nous assistons à la marche harmonieuse et universelle d'une vie infinie. »

Une idée fondamentale est présente dans ces écrits, celle de l'universalité des lois de la physique et de la chimie. Cette idée n'est pas absolument nouvelle, mais, à l'époque de Camille Flammarion, la fin du XIXe siècle, elle n'est plus gratuite car elle commence à être étayée par des observations dont le nombre croît exponentiellement.

Les découvertes sur la nature de la lumière, le développement de nouvelles techniques permettant de l'analyser, l'étude des pierres tombées du ciel, sont autant de moyens d'exploration de l'univers extraterrestre, y compris des astres lointains. Et ces observations montrent clairement que ces corps célestes sont faits des mêmes éléments chimiques que ceux qui composent notre planète. « Les observations faites pendant l'éclipse totale de 1868 ont montré de plus que les hautes protubérances qui s'échappent du Soleil sous forme de longues flammes sont formées d'hydrogène incandescent » : c'est ainsi que Camille Flammarion, dans ses *Contemplations scientifiques*, décrit les premières observations d'éruption solaire, confirmant la présence (déjà connue, avec celle de nombreux autres éléments chimiques) de l'élément hydrogène (H) dans l'atmosphère solaire.

Les observations spectroscopiques permettent aussi de découvrir que la plupart des planètes alors connues possèdent une atmosphère, alors que la Lune en est dépourvue. Mais ces découvertes vont bien au-delà du

Système solaire : « Nous connaissons aujourd'hui – indique Flammarion dans ce même ouvrage – la nature chimique de plus de trois cents étoiles ! »

A l'aube de notre siècle, la Lune, qui se présente comme un astre sans atmosphère, n'est plus considérée sérieusement comme une niche possible de la vie. Ses éventuels habitants ne sont plus que d'imaginaires Sélénites sortis d'un roman de Jules Verne. En revanche, les autres « astres » connus du Système solaire restent peuplés de très plausibles habitants, y compris par l'imagination des scientifiques. Vénusiens, Martiens, Joviens et Saturniens sont réellement pris en compte par les précurseurs des exobiologistes du XXe siècle. Ceux-ci, Flammarion en tête, entrevoient déjà l'influence de l'environnement planétaire sur l'évolution de ces extraterrestres : il suppose que l'équivalent martien ou jovien du « brillant résumé de la série zoologique » terrestre que nous sommes censés constituer doit adopter une forme très différente de la nôtre.

Des approches scientifiques complémentaires

La science-fiction et les médias ont aujourd'hui pris le relais. Or nous n'avons toujours pas trouvé un seul cas de vie autre que la vie terrestre. Le domaine s'est toutefois étoffé et de multiples approches se sont développées depuis peu. Pourquoi une telle quête ? La curiosité scientifique y est certainement pour beaucoup, la particularité du domaine aussi, car l'exobiologie est liée à ce qui a été considéré pendant longtemps comme le grand mystère de la vie. En effet, s'intéresser à la vie extraterrestre, c'est aussi essayer de comprendre l'origine de la vie terrestre. Les scientifiques qui travaillent dans ce domaine sont donc aussi à la recherche de nos origines.

Parmi les nombreuses voies que cette quête peut suivre, trois sont particulièrement privilégiées. La recherche *in situ* est une recherche directe de systèmes vivants macroscopiques ou microscopiques, ou de leurs traces. La recherche par télédétection de signaux d'intelligence extraterrestre est fondée sur l'hypothèse qu'une vie intelligente extraterrestre technologiquement avancée existe ailleurs. Elle doit disposer de techniques analogues aux nôtres et émettre, intentionnellement ou non, des signaux détectables. Enfin, la recherche la plus importante jusqu'à présent, celle qui a donné le plus de résultats, est l'étude de la vie terrestre, de son évolution et de ses origines. Il semble indispensable, en effet, de comprendre et d'appréhender les processus qui ont conduit à ce phénomène quasi merveilleux qu'est le vivant terrestre, et à ce qui est parfois considéré (probablement à tort) comme le *nec plus ultra* de l'évolution biologique terrestre – l'espèce humaine.

La vie : du macroscopique au moléculaire

Qu'est-ce que la vie ?

Qu'est-ce que la vie ? « L'ensemble des fonctions qui résistent à la mort », répond l'anatomiste et physiologiste Xavier Bichat (1771-1802). Une propriété des « objets doués d'un projet », suggère le prix Nobel de biologie Jacques Monod (1910-1976), dans son célèbre essai *Le Hasard et la Nécessité* (1970). Bien que cette question semble très simple, il n'est pas du tout évident d'y répondre. En effet, la vie apparaît davantage comme un ensemble de propriétés communes à de très nombreux systèmes que l'on appelle « vivants » que comme un concept aisément appréhendable. Pour cette raison, les définitions de la vie sont quasiment aussi nombreuses que les disciplines scientifiques.

Posez la question à un biologiste cellulaire, il vous dira probablement que, pour lui, la vie c'est la cellule, élément microscopique universel du vivant terrestre, avec ses propriétés fonctionnelles spécifiques, principalement reproduction et métabolisme. Un biologiste moléculaire, quant à lui, considérera plutôt la vie comme un système macromoléculaire possédant la faculté de se dupliquer, et restreindra d'ailleurs parfois ce système au « monde ARN* ». Pour un spécialiste de la thermodynamique* chimique, la vie apparaîtra comme un système très complexe capable de se maintenir loin de l'équilibre. L'exobiologiste est un scientifique qui consacre ses recherches – rattachées à une spécialité et à un domaine académique – à l'étude de la vie dans l'Univers. Sa définition de la vie est étroitement dépendante de sa spécialité dominante.

Pour beaucoup de physico-chimistes s'intéressant au domaine de la biologie et à l'origine de la vie sur Terre, le vivant est un système complexe, riche en information, capable de se dupliquer, d'évoluer tout en conservant et même en faisant fructifier cette information. Pour reprendre une analogie chère au chimiste André Brack, l'un des spécialistes de ce domaine les plus actifs en France, la vie est un système capable de faire des photocopies de lui-même, mais, contrairement aux photocopies de photocopies, qui généralement finissent par n'être que des copies illisibles de l'original, la photocopieuse vivante conduit – par le biais des mutations – à des copies parfois plus riches en information que les originaux dont elles sont issues.

C'est la complémentarité de toutes les caractéristiques fonctionnelles des systèmes vivants qui doit être considérée dans la définition de la vie : métabolisme, reproduction, sélection et évolution. Il faut aussi y ajouter l'homéostasie*, capacité d'autorégulation face aux variations des contraintes du milieu extérieur : les systèmes vivants savent évoluer tout en s'adaptant aux contraintes imposées par l'environnement où ils se trouvent. Beaucoup de systèmes ou d'objets présentent une ou plusieurs de ces propriétés mais non la totalité : ce ne sont pas des systèmes vivants.

La flamme d'une bougie, qui utilise l'environnement (l'oxygène de l'air et la matière combustible de la bougie) pour se maintenir, n'est pas vivante mais représente un exemple de métabolisme primitif, analogue à celui des plantes. Ces dernières, êtres vivants autotrophes* (capables de synthétiser leurs « briques biologiques » à partir des éléments inorganiques* qui les entourent, grâce aux mécanismes de la photosynthèse* biologique), utilisent l'énergie lumineuse du Soleil et le gaz carbonique de l'air pour survivre et se développer. Le principe est donc le même que celui mis en jeu par la flamme, bien que les mécanismes en soient bien sûr très différents. Il correspond à l'une des caractéristiques fondamentales de la vie : l'utilisation de flux d'énergie et de matière extérieurs pour persister et se reproduire, pour se maintenir hors d'un équilibre thermodynamique qui, lui, correspond à la mort. Cette dernière peut être considérée comme le retour à l'équilibre thermodynamique – qui signifie, entre autres, l'absence de possibilité d'évolution avec conservation de ses structures – du système vivant.

La propriété de reproduction n'est pas, elle non plus, propre à la vie. Les cristaux sont aussi capables de se reproduire, avec leurs imperfections. L'introduction de germes de cristaux dans des solutions de sels minéraux induit la cristallisation – la reproduction quasiment à l'infini – de la structure cristalline microscopique initialement introduite. L'exobiologiste (et astrophysicien) français Jean Schneider voit d'ailleurs dans les cristaux des modèles possibles de vie extraterrestre. Mais là commence un domaine de haute spéculation. Malgré de nombreuses similitudes entre les fonctions du monde cristallin et celles du monde (organique*) vivant, il existe une différence fondamentale : la complexité du monde cristallin est considérablement inférieure à celle du monde vivant.

Alors quelle définition choisir pour cette vie ? Il faut bien admettre que définir un ensemble – le vivant – dont on ne connaît qu'un seul élément – le vivant terrestre – est une tâche bien difficile ! Il semble cependant raisonnable de caractériser la vie par les propriétés de duplication et de mutation.

Une apparente diversité

Et pourtant, quelle diversité dans le monde vivant ! Une diversité tout d'abord par l'aspect, la morphologie, la taille. Les êtres vivants du monde microscopique, dans leur majorité, présentent des dimensions de l'ordre du micromètre* (millionième de mètre), alors que ceux du monde macroscopique ont des tailles pouvant atteindre plusieurs dizaines de mètres. Diversité dans les mécanismes globaux, tels ceux de reproduction (sexuée ou asexuée, ovipares ou vivipares), d'appréhension de l'environnement, de récupération d'énergie (indispensable pour survivre).

Les autotrophes sont capables de synthétiser directement leurs matériaux organiques à partir des éléments simples qui les entourent. Au contraire, les êtres vivants hétérotrophes*, prédateurs forcés de la nature, doivent utiliser de la matière organique préformée, par le biais de l'alimentation. C'est le cas de tous les êtres vivants composant la faune ; en particulier, c'est le cas de l'homme. A l'intérieur même du domaine des hétérotrophes existent de nombreuses variantes selon le type d'alimentation.

Ces variantes sont encore plus nombreuses dans le monde des autotrophes. En effet, la photosynthèse biologique n'est pas le seul mécanisme possible de fabrication des briques biologiques par les êtres autotrophes. Certaines bactéries sont capables d'utiliser des sources d'énergie autres que l'énergie lumineuse pour transformer le gaz carbonique (CO_2) en matériaux biologiques. C'est le cas des bactéries trouvées dans les sources hydrothermales sous-marines, situées dans les fonds océaniques, à des milliers de mètres de profondeur, là où la lumière du Soleil est totalement absente.

Ces micro-organismes se développent grâce à des processus de chimiosynthèse, dans lesquels l'énergie nécessaire est fournie non plus par les photons* (particules sans masse qui composent la lumière), mais par des constituants inorganiques présents dans l'environnement (ici, en l'occurrence, l'hydrogène sulfuré). C'est aussi le cas des bactéries de la grotte des plateaux de la Dobroudja, en Roumanie : un monde souterrain qui est resté isolé du monde de la surface pendant plus de trois millions d'années et a été découvert en 1986, à la suite d'un forage. Là, toute une faune et toute une flore vivent en parfaite symbiose, en présence d'une atmosphère pauvre en oxygène et très différente de celle qui nous entoure. D'autres micro-organismes encore font appel non plus au gaz carbonique, mais au méthane et à des mécanismes de synthèse très différents.

La diversité apparaît aussi dans la variété des environnements choisis par les systèmes vivants. Les bactéries thermophiles, comme leur nom l'indique, se développent dans des niches très chaudes, où la température peut atteindre 100 °C. Certaines ont un penchant prononcé pour les milieux très acides : on connaît des micro-organismes capables de subsister dans des solutions d'acide sulfurique ! D'autres préfèrent des milieux très basiques, ou de salinité très élevée. Cette variété n'est pas propre au monde vivant de l'infiniment petit. A l'échelle macroscopique, on connaît des êtres vivants qui préfèrent la chaleur au froid, tels certains insectes (les scorpions sont un bon exemple), alors que pour d'autres c'est l'opposé. Le poisson des glaces, qui, comme son nom l'indique, vit dans les eaux de régions froides, possède un métabolisme capable de synthétiser un liquide antigel qui l'empêche de geler à – 10 °C.

En fait, il n'est sans doute pas un endroit à la surface de notre planète où la vie n'ait pas réussi à s'implanter, à se développer, à s'adapter. Et c'est la multiplicité même des environnements terrestres qui est une des causes – *via* les mécanismes de l'évolution biologique – de la gigantesque variété actuelle du monde vivant sur notre planète.

Une unité structurale

L'invention du microscope, en 1674, par le savant hollandais Antonie Van Leeuwenhoek (1632-1723) a permis non seulement de découvrir le monde vivant de l'infiniment petit, mais aussi de voir que tous les êtres vivants sont faits de cellules. Sans noyau chez les êtres procaryotes*, avec noyau chez les eucaryotes*, la cellule est elle-même variable, par sa structure et par sa taille : quelques micromètres dans l'être unicellulaire, un à quelques dizaines de micromètres pour les cellules des tissus d'êtres pluricellulaires, jusqu'à quelques dizaines de centimètres pour les cellules nerveuses des mammifères. Quant à leur nombre, il va de un dans les organismes les plus simples, bactéries et autres micro-organismes monocellulaires, à plus de dix mille milliards dans le corps humain. Cependant, malgré ces différences, la cellule, unité de base de la vie au niveau microscopique, est *grosso modo* construite selon un modèle unique. Une double membrane, formée de molécules* spécifiques (les lipides), entoure, isole et protège le matériel génétique (qu'il soit dispersé dans la cellule ou rassemblé dans son noyau) et toute la machinerie de cette véritable usine biologique. C'est là que se fabriquent les grandes molécules de la vie : les macromolécules* fondamentales du vivant terrestre.

C'est précisément au niveau moléculaire que se situe la profonde unité du monde vivant. Si l'on regarde la structure chimique des cellules, on reste frappé par son universalité. Toutes les cellules sont en effet construites à partir des mêmes constituants moléculaires fondamentaux : les protéines* et les acides nucléiques*. Ces macromolécules, aux rôles complémentaires, sont présentes dans tous les systèmes vivants et utilisent, à quelques exceptions près, les mêmes « briques » : acides aminés* pour les protéines, nucléotides* pour les acides nucléiques, faisant appel à une chimie fondée principalement sur l'élément carbone, C (c'est ce que l'on appelle aujourd'hui la chimie organique).

Dans l'Univers pourtant gigantesque du vivant terrestre, le nombre de « briques » différentes servant à construire ces macromolécules biologiques est très faible. Parmi les milliers – voire les millions – de possibilités, vingt acides aminés différents seulement sont utilisés pour fabriquer l'ensemble des protéines et cinq nucléotides différents pour l'ensemble des acides nucléiques (quatre pour les acides désoxyribonucléiques*, ADN, et quatre – dont trois communs à ceux des ADN – pour les acides ribonucléiques*, ARN). Acides aminés protéiques et nucléotides sont répétés un très grand nombre de fois dans chacune des macromolécules qu'ils constituent, telles les lettres de l'alphabet dans le mot. C'est l'enchaînement – la séquence – de ces briques dans la macromolécule qui donne son sens à cette dernière, en permettant le stockage de l'information biologique, spécifique de chaque système vivant, et son transfert, dans toute sa complexité, de façon analogue à l'enchaînement des lettres qui donne son sens au mot.

Dix-neuf des vingt acides aminés et chacun des cinq nucléotides ont une propriété commune : celle de chiralité* ; par suite de la présence d'un centre d'asymétrie dans leur structure (dû aux propriétés du carbone), ces molécules ne sont pas superposables à leur image dans un miroir. Cela signifie que, pour une structure chimique déterminée, assemblage bien défini d'atomes situés les uns par rapport aux autres à des distances fixées, il existe deux configurations possibles, deux molécules ayant les mêmes propriétés chimiques et les mêmes propriétés physiques, à une exception près. L'une de ces molécules est « dextrogyre » (elle fait tourner le plan de polarisation de la lumière dite polarisée vers la droite) alors que l'autre est « lévogyre » (elle a le même effet, mais vers la gauche). En raison de cette propriété, on les appelle inverses optiques ou énantiomères*. Comme elles ont une même formule chimique, pour les différencier, on utilise une nomenclature conventionnelle tenant compte de leur structure (l'une s'appelle L, et l'autre D, en relation – très indirecte cependant – avec les adjectifs « lévogyre » et « dextrogyre »).

Les dix-neuf acides aminés de protéine ayant cette propriété (on les dit « chiraux ») sont tous de configuration L. Les cinq nucléotides biologiques sont tous de configuration D. L'intervention de molécules « optiquement pures », c'est-à-dire n'utilisant que l'un des deux énantiomères, semble bien être une spécificité du vivant. Elle se comprend aisément lorsque l'on contemple la magnifique structure en hélice de l'ADN, célèbre découverte de Francis H. C. Crick et James D. Watson qui leur valut le prix Nobel de médecine et de physiologie en 1962. Un mélange de nucléotides D et L dans la macromolécule d'acide nucléique entraînerait des discontinuités, incompatibles avec une telle structure régulière. En dehors du monde vivant, les deux énantiomères correspondant à un composé à structure chirale sont généralement présents en quantité équivalente (50 % de D et 50 % de L) : c'est ce que l'on appelle un mélange racémique*.

Une unité fonctionnelle

L'unité évidente à l'échelle moléculaire du monde vivant réside non seulement dans ses structures mais aussi dans ses fonctions. Tous les systèmes vivants terrestres sont faits de protéines. Les protéines de structure* assurent la cohérence et le maintien de tout l'édifice biologique, principalement au niveau cellulaire. Les protéines-enzymes* sont les catalyseurs spécifiques des processus biochimiques. Huile dans les rouages de la machinerie biologique, elles accélèrent, sélectivement et au moment opportun, chacune des milliers de réactions chimiques indispensables à la survie et à la reproduction des êtres vivants. Toutes ces réactions se déroulent dans l'eau liquide, qui, présente dans tous les systèmes vivants, en est souvent le constituant le plus abondant.

Les grands mécanismes biochimiques, principalement ceux qui dirigent le stockage et le transfert de l'information, sont les mêmes dans tous les êtres vivants. L'ADN, véritable support universel de l'hérédité, contient l'information génétique qui donne son identité et sa spécificité à chaque être, mais qui fait aussi que la cellule fille ressemblera à la cellule mère. La duplication s'effectue par dédoublement de la macromolécule d'ADN, et, donc, de son message génétique, alors dupliqué dans l'enchaînement des nucléotides du brin complémentaire. L'ARN transcrit cette information et la transporte jusqu'aux ribosomes*, usine centrale de la cellule. L'information toujours contenue dans les séquences des nucléotides (mais cette fois d'ARN) est traduite et permet la construction des autres macromolécules nécessaires à la structure et aux mécanismes de l'usine biologique.

Les processus de transcription, qui font correspondre à un enchaînement de nucléotides dans un acide nucléique un enchaînement déterminé d'acides aminés dans une protéine, utilisent un codage à trois « lettres ». Ce code – dit « génétique » – associe à un ensemble de trois nucléotides pris dans un ordre bien précis (cet ensemble est appelé un « codon ») un – et un seul – des vingt acides aminés de protéine. Ainsi, un acide nucléique peut être considéré comme un « mot » formé de « lettres » (les nucléotides) ou de syllabes (les codons). Le « mot » acide nucléique peut être littéralement traduit en « mot » protéine, en remplaçant chaque syllabe-codon par l'acide aminé qui lui est associé. Nous avons vu que seulement quatre nucléotides différents constituent un acide nucléique. Appelons-les A, G, C et U. Avec ces quatre « lettres », on peut fabriquer soixante-quatre mots de trois lettres différents. Un acide nucléique peut donc inclure jusqu'à soixante-quatre codons différents. C'est plus qu'il n'en faut pour coder les acides aminés et, en effet, dix-huit sur les vingt sont représentés par plus d'un codon. Par exemple, le plus simple, la glycine, est représentée par les quatre codons : GGA, GGC, GGG et GGU. Comme les « alphabets » (nucléotides et acides aminés) qu'il met en jeu, le code génétique est universel : il est quasiment le même pour l'ensemble des êtres vivant sur Terre.

Ainsi, malgré sa complexité et sa diversité, le vivant terrestre montre une grande unité. Cette unité repose sur une chimie particulière : la chimie de l'élément carbone, dans un solvant particulier : l'eau liquide. Une telle unité suggère fortement un ancêtre commun, utilisant les mêmes ingrédients. Quel était-il ? Où, quand et comment est-il apparu ? Voilà les questions auxquelles essaient de répondre les études sur l'origine de la vie.

L'origine de la vie terrestre

La génération spontanée et le vitalisme

Pendant des millénaires, savants et philosophes ont cru que la vie pouvait naître non seulement d'une vie déjà existante mais aussi de la matière inerte. De l'Antiquité jusqu'à la Renaissance, on est persuadé que la vie est une propriété intrinsèque de la matière et que, dès que les conditions propices sont réunies, elle peut apparaître spontanément à partir aussi bien de systèmes vivants de la même espèce, ou d'espèces différentes, que de matériaux non vivants. Cette théorie de la génération spontanée suppose que le monde n'est qu'un : l'animal peut être engendré par le végétal, et l'un et l'autre peuvent sortir spontanément de la boue. Le problème de l'origine de la vie ne se pose alors pas. L'origine du monde est expliquée par les Saintes Écritures, et, pour ceux qui doutent de la description de la création qui y est faite, le dogme de la génération spontanée complète le scénario.

A partir de la Renaissance, avec l'apparition et le développement de ce qui deviendra l'approche scientifique expérimentale critique, l'idée de génération spontanée, du moins appliquée au monde macroscopique, disparaît progressivement. En effet, des expériences, comme celles effectuées par le médecin toscan Francesco Redi (1626-1697), démontrent clairement que la vie qui semble naître des milieux obtenus à partir de matière vivante en décomposition ne provient que d'une contamination de ce milieu par d'autres systèmes vivants. Les asticots ne sont pas créés spontanément à partir de viande putréfiée, mais y sont transportés par des mouches !

L'invention du microscope, au XVIIe siècle, va permettre la découverte d'un monde jusqu'alors insoupçonné – le monde vivant de l'infiniment petit. Elle repose aussi le problème de la génération spontanée, en le déplaçant et en le limitant peu à peu à l'échelle microscopique. La théorie restera ainsi bien installée et ardemment défendue – car les attaques se multiplient – jusqu'au milieu du XIXe siècle.

Parallèlement à l'évolution de cette idée, et de façon paradoxale, presque jusqu'à la même époque, on a continué de faire une distinction fondamentale entre la matière provenant des organismes vivants et celle du monde minéral, et entre leurs chimies. On pensait que la première incluait une force mystérieuse, la « force vitale », absente dans les composés issus de la matière minérale. Ainsi furent introduites les appellations de « chimie organique » – chimie des composés du vivant – et de « chimie minérale ». Il semblait alors impossible de fabriquer en laboratoire des composés « organiques » à partir de composés minéraux.

La première synthèse organique à partir de substances inorganiques – la synthèse de l'urée par le chimiste allemand Friedrich Wöhler (1800-1882) – démontra la fausseté de cette hypothèse et l'absence de force vitale. Elle eut lieu en 1828. Depuis, les chimistes organiciens savent fabriquer des millions de composés organiques, y compris des molécules qui n'interviennent pas dans les systèmes vivants. La chimie organique est devenue la chimie des molécules carbonées.

L'évolution biologique

Une trentaine d'années plus tard, le géologue et biologiste Charles Darwin (1809-1882) faisait paraître *De l'origine des espèces au moyen de la sélection naturelle, ou la Lutte pour l'existence dans la nature.* Le concept d'évolution biologique va enfin pouvoir révolutionner le domaine des sciences de la vie, en introduisant un paramètre jusqu'alors non considéré : le temps. Cette théorie permet de comprendre l'origine de l'extraordinaire diversité des espèces vivant actuellement sur la Terre. Elle permet aussi de simplifier le problème de l'origine de la vie. L'univers actuel du vivant peut s'expliquer par une longue évolution biologique à partir d'un système vivant primordial extrêmement simple – un micro-organisme primitif. A partir de 1859, année de parution de la première édition de l'ouvrage de Darwin, comprendre l'origine de la vie sur Terre revient donc à expliquer l'origine de ce premier micro-organisme.

Trois ans plus tard, Louis Pasteur (1822-1895) remporte le prix que l'Académie des sciences avait proposé pour la première démonstration expérimentale capable de lever définitivement le doute sur la question de la génération spontanée. Son expérience désormais célèbre est relativement simple et très astucieuse. En utilisant les techniques de stérilisation qu'il avait lui-même mises au point, Pasteur réussit à démontrer que l'apparition soudaine de bactéries dans un milieu stérilisé est due à une contamination de ce milieu par les micro-organismes de l'air ambiant et non à une prétendue génération spontanée. La question de l'origine de la vie, si elle est à présent simplifiée, reste entière. Nous ne disposons même plus de l'hypothèse de la génération spontanée pour expliquer l'émergence de l'être microscopique ancestral.

La panspermie

A la fin du XIXe siècle et au début du XXe, les savants commencent à se tourner vers le ciel pour comprendre notre propre planète, et les mystères de la vie. C'est à cette époque que l'origine extraterrestre des météorites* est enfin établie, alors que pendant longtemps on en avait douté. De là à penser que ces pierres tombées du ciel peuvent renfermer des systèmes vivants microscopiques, il n'y a qu'un pas, allégrement franchi par la majorité des scientifiques d'alors. On étudie les météorites au microscope en y recherchant d'éventuels germes vivants extraterrestres. Pasteur lui-même se lance dans ces recherches. Mais elles resteront vaines.

L'idée est pourtant attirante, d'autant que l'on vient de découvrir la nature corpusculaire de la lumière et l'existence de la pression lumineuse. Grâce à cette propriété, la lumière des étoiles doit être capable de propulser des microparticules – y compris des spores – dans l'espace et de permettre ainsi le transfert interplanétaire ou même interstellaire de micro-organismes. Cette idée sera largement développée par des scientifiques de renom, en tête le chimiste suédois, prix Nobel, Svante Arrhenius (1859-1927). Pour lui, la vie est transportée dans l'espace sous la forme de spores, organismes vivants microscopiques capables de donner naissance à de nouveaux micro-organismes, après dissémination. Ces spores voyageraient dans l'espace interstellaire, poussées par la pression lumineuse des étoiles.

Cette théorie de la « panspermie », publiée en 1906, suppose que la Terre aurait été ensemencée par des micro-organismes extraterrestres, ancêtres du vivant terrestre. Mais elle ne fournit aucune précision sur les origines de ce système vivant, ne faisant que repousser plus loin cette question fondamentale. Les savants du début du XXe siècle supposent en fait que cette vie est éternelle ; pour eux, le problème de son origine est donc confondu avec celui de l'origine de l'Univers.

L'évolution chimique*

En 1924, le biochimiste soviétique Aleksandr Oparin(1894-1980) publie un petit ouvrage intitulé *Proischogdenie Zhizni* (*L'Origine de la vie*). Il y présente une nouvelle théorie permettant d'expliquer l'origine de la vie. L'idée d'Oparin est en fait très simple : étendre au domaine chimique le concept d'évolution. La vie serait l'aboutissement d'une longue évolution chimique qui aurait précédé l'évolution biologique. Pour Oparin, l'environnement primitif terrestre devait être très différent de l'environnement actuel. En particulier, l'atmosphère, dépourvue d'oxygène, renfermait une fraction importante de méthane et d'autres molécules organiques simples. L'évolution de ces composés dans l'atmosphère ou à la surface de la planète, dans les océans primitifs, aurait permis la formation de composés d'intérêt biologique : monomères* (acides aminés en particulier) ou polymères* (tels que des macromolécules semblables aux protéines).

Ces systèmes chimiques complexes auraient simultanément formé des structures colloïdales, véritables cellules primitives, séparant les macromolécules biologiques du milieu extérieur. Ces systèmes organiques (c'est-à-dire carbonés, mais pas encore vivants, car ne possédant pas toutes les propriétés nécessaires) et complexes auraient continué d'évoluer, progressivement, en perfectionnant leur organisation interne. Simultanément, ils auraient puisé dans l'environnement leur nourriture organique, tout en se soumettant aux lois de l'évolution et de la sélection chimique naturelle.

Quelques années plus tard, sans avoir eu connaissance du livre d'Oparin, le biologiste anglais John Burton Haldane (1892-1964) publie un article qui présente des idées analogues. Il suggère que la formation de composés organiques sur la Terre primitive a dû avoir lieu bien avant que les premiers êtres vivants n'apparaissent et que ces matériaux, par des mécanismes évolutifs, ont pu, justement, conduire à la vie. Le petit ouvrage d'Oparin a eu une diffusion très limitée, du fait de son édition en langue russe uniquement.

Le savant soviétique reprit ses idées, en les développant, dans un deuxième ouvrage, qui parut en Union soviétique en 1936. Traduit en anglais en 1938, il connut une bien plus large diffusion.

Pour Oparin, les premiers systèmes vivants se seraient formés spontanément dans l'environnement primitif terrestre, grâce à une succession de processus chimiques et physico-chimiques, des processus dits prébiotiques*, de complexité croissante. Tout aurait démarré dans l'atmosphère primordiale de la planète Terre, à partir des ingrédients inorganiques qui y étaient présents. Tout aurait continué dans les océans, avec l'apparition des premiers systèmes capables de se dupliquer de façon autonome. Ces micro-organismes primitifs auraient utilisé, pour se développer, la matière organique formée de façon prébiotique. Ainsi pour Oparin la première cellule ou protocellule aurait été hétérotrophe.

Toute théorie est largement contestable et considérablement fragile tant qu'elle n'est pas confortée par l'observation et l'expérimentation. L'observation, du moins sur Terre, d'une évolution chimique naturelle comprenant l'ensemble des processus qui conduisent de la matière non organique vers un système autoreproductif est hautement improbable. L'environnement de notre planète a considérablement changé depuis que la vie est apparue, et en raison même de cette apparition. Dans les conditions actuelles, il est totalement exclu que de la matière carbonée s'organise spontanément, par des mécanismes prébiotiques : la présence de systèmes vivants et d'oxygène, avides de matériaux organiques, l'en empêche.

En revanche, nous pouvons essayer de reproduire en laboratoire, dans des conditions parfaitement stériles, et en l'absence d'oxygène, certaines des étapes de l'évolution chimique. Cette modélisation expérimentale nécessite cependant des techniques élaborées qui ne sont disponibles que depuis les années 50.

Ce n'est pas une coïncidence si la première expérience fructueuse dans le domaine de la chimie prébiotique date précisément de cette période. Stanley Miller, alors jeune étudiant préparant sa thèse dans le laboratoire du prix Nobel de chimie Harold Urey (1893-1981), à l'université de Chicago, vient d'avoir l'idée de simuler expérimentalement les premières étapes du scénario d'Oparin. Il soumet à la décharge électrique un mélange gazeux d'hydrogène, de méthane, d'ammoniac et de vapeur d'eau, en présence d'eau liquide, pendant une semaine environ. Un tel mélange gazeux était, alors, un modèle plausible de l'atmosphère terrestre primitive. Quant au choix de la durée de l'irradiation, il ne reflète en rien une quelconque pensée créationniste de l'auteur : six à sept jours était le temps nécessaire pour transformer la majeure partie du méthane en matériaux organiques complexes.

A la fin de l'irradiation, Miller détecte de nombreux composés organiques. En particulier, il met en évidence, dans la solution, la présence d'acides aminés. Il démontre ainsi que l'évolution d'un système chimique très simple, soumis à un flux d'énergie, peut conduire à la formation de composés d'intérêt biologique, y compris à celle des briques du vivant. Stanley Miller inaugure un nouveau domaine scientifique : la chimie prébiotique expérimentale.

Des centaines d'expériences analogues à celle de Miller ont été effectuées depuis, à l'aide de mélanges gazeux et de sources d'énergie variées. On a pu ainsi confirmer les premiers résultats et démontrer la formation, dans ces conditions « prébiotiques », de la quasi-totalité des acides aminés de protéines (dix-sept sur vingt), et des bases puriques* et pyrimidiques*. On a pu aussi déterminer l'influence de la composition de la phase gazeuse initiale sur ces synthèses. La meilleure atmosphère prébiotique est un mélange de méthane, d'azote et de vapeur d'eau, pauvre en hydrogène. La pire est une atmosphère oxydée dans laquelle le carbone existe sous forme de gaz carbonique.

Ces études montrent que l'évolution de l'atmosphère, lorsque sa composition est favorable, conduit à des produits gazeux simples – monomères organiques tels l'acide cyanhydrique, HCN, le formaldéhyde HCHO ou le cyanoacétylène HC_3N – et à des produits solides de structure complexe, formés à partir de ces monomères. Ce sont les réactions de ces deux types de produits qui, en présence d'eau, conduisent aux composés d'intérêt biologique.

La chimie prébiotique est née

Malgré la relative simplicité des monomères, peu de données expérimentales étaient disponibles sur leur comportement en solution aqueuse. Il était donc indispensable de développer des études spécifiques sur cette chimie. C'est ce qu'ont commencé à faire de nombreux laboratoires dans le monde entier, dès la fin des années 50. Les études de chimie organique en solution aqueuse se poursuivent toujours actuellement. Les résultats majeurs obtenus, dans leurs grandes lignes, montrent que l'on peut effectivement obtenir la plupart des briques du vivant à partir d'un nombre relativement limité de composés organiques simples et réactifs ou de leurs polymères.

La chimie de l'acide cyanhydrique (HCN) dans l'eau conduit aisément aux acides aminés et aux bases azotées (puriques et pyrimidiques) ; celle du cyanoacétylène (HC_3N) fournit une source complémentaire des bases pyrimidiques ; enfin, la chimie du formaldéhyde (HCHO) est une source des sucres biologiques. Celle-ci reste cependant extrêmement limitée : la synthèse prébiotique des sucres qui interviennent dans la structure des nucléotides (ribose et désoxyribose) fait partie des problèmes majeurs de la recherche expérimentale sur les origines de la vie.

Le passage des monomères aux polymères d'intérêt biologique, du moins dans le cas des acides nucléiques, est lui aussi extrêmement délicat. Les processus de réplication, reproduction d'un brin d'acide nucléique (dans une solution contenant les monomères nécessaires), en l'absence d'enzyme*, ont été modélisés expérimentalement de façon remarquable par l'équipe de Leslie Orgel, au Salk Institute, en Californie. Mais ce modèle nécessite d'utiliser un polynucléotide* – brin d'acide nucléique – préformé. Or la synthèse, dans des conditions plausibles, de l'environnement primitif terrestre, de fragments de nucléotides n'a pas encore été obtenue. Et celle de leurs monomères, les nucléotides, qui nécessite de lier chimiquement les trois molécules différentes – sucre, phosphate et base azotée – qui les constituent (voir annexes p. 113) est loin d'avoir été démontrée. La question de l'apparition des acides nucléiques reste donc une des questions majeures.

En revanche, la synthèse prébiotique de morceaux de protéines (polypeptides*) ou de leurs analogues est facile à obtenir à partir d'acides aminés ou de leurs dérivés. Dans les années 60, aux États-Unis, Sidney Fox, par chauffage d'acides aminés en phase solide, obtient des structures analogues aux protéines, bien que beaucoup moins ordonnées car ayant entraîné la racémisation (transformation d'un composé initialement sous une seule configuration – D ou L – en un mélange équimoléculaire des deux inverses optiques) des acides aminés initiaux. Il les nomme « protéinoïdes ». Plus récemment, André Brack, en France, réussit à obtenir des polypeptides par réaction dans l'eau de dérivés des acides aminés, en conservant dans les polymères la chiralité des monomères de départ.

Il est aussi aisé de fabriquer en laboratoire des microstructures possédant une membrane parfaitement définie. Modèles de la cellule, mais non vivantes, car ne possédant pas le matériel génétique permettant leur duplication, elles sont capables d'isoler du monde extérieur les molécules organiques participant à l'évolution chimique. Les coacervats d'Oparin (bien qu'obtenus avec des matériaux biologiques) ou, surtout, les microsphères de Fox, formées à partir de ses protéinoïdes, sont des exemples probants de la formation prébiotique de telles microstructures.

Nous n'avons pas encore réussi à fabriquer une cellule vivante en laboratoire, en partant de matériaux inorganiques. Nous en sommes même encore très loin : les difficultés sont multiples, principalement dans le domaine des nucléotides et de leurs polymères. Toutefois, l'ensemble des résultats expérimentaux acquis est très encourageant. Nous savons en effet fabriquer dans des conditions prébiotiques plausibles la plupart des monomères biologiques et plusieurs de leurs polymères. Nous avons déterminé les principales contraintes (en particulier en termes de composition atmosphérique, de pression et de température) posées par ces synthèses sur l'environnement planétaire au sein duquel elles sont susceptibles de se dérouler. Ces modèles réduits que les chimistes du prébiotique essaient de reconstituer dans leur laboratoire depuis bientôt cinquante ans mettent en évidence l'importance de deux ingrédients fondamentaux dans les différentes étapes de l'évolution chimique : la matière carbonée et l'eau liquide.

Les sciences d'une planète nommée Terre

Les contraintes de l'environnement primitif

Les expériences de laboratoire démontrent de façon éclatante qu'à partir d'un nombre restreint de composés organiques la chimie prébiotique peut conduire à la plupart des briques moléculaires du vivant. Encore faut-il que les conditions utilisées pour mettre en œuvre ces réactions soient compatibles avec celles qui régnaient sur la Terre primitive. Or, nous ne disposons d'aucune information directe sur cet environnement. Les roches les plus anciennes connues, découvertes à Isua*, au Groenland, sont vieilles de 3,8 milliards d'années. Elles sont riches en carbonate, signe que l'atmosphère contenait déjà du gaz carbonique.

Pour le géochimiste allemand Manfred Schidlowski, l'analyse isotopique de ces carbonates ($^{13}C/^{12}C$) suggère l'existence, à cette époque, d'une photosynthèse biologique, donc la présence de systèmes vivants autotrophes. En effet, la transformation du gaz carbonique en matériaux biologiques au cours des mécanismes de photosynthèse conduit à un enri-

Les plus anciennes traces de vie : les stromatolites.
Les stromatolites contemporains, comme ceux observés sur les côtes australiennes, se présentent comme de gros champignons minéraux. En fait, ces structures se situent à mi-chemin entre les mondes minéral et biologique : elles sont le fruit de l'interaction de microbes, les cyanobactéries, avec leur environnement. Elles présentent une structure lamellaire caractéristique, incluant les restes fossilisés des micro-organismes qui les ont créées.
Ph. © Rick Smoian.

chissement en ^{13}C du CO_2 atmosphérique, donc des carbonates, qui serait compatible avec les valeurs ($^{13}C/^{12}C$) observées. Il faut noter cependant que cette interprétation est loin de faire l'unanimité de ses collègues, car elle n'est pas la seule possible. En revanche, il n'y a pas de contestation en ce qui concerne les premières traces fossiles : ce sont des stromatolites datant de 3,5 milliards d'années découverts au nord-ouest de l'Australie. L'équipe du paléontologue américain William Schopf les a analysés en détail et y a découvert la présence de fossiles de micro-organismes très complexes et très diversifiés. L'évolution biologique avait donc, dès cette époque, largement opéré, ce qui vient conforter l'idée que la vie devait en effet être déjà présente au temps d'Isua, trois cents millions d'années plus tôt.

De l'autre côté de l'échelle des temps, l'analyse isotopique des roches terrestres, des météorites et des échantillons lunaires indique que le Système solaire et ses planètes se sont formés il y a 4,55 milliards d'années. Nous n'avons aucune trace, sur Terre, de la période prébiotique qui a suivi ; notre vision ne peut en être qu'approximative ; elle est toutefois aidée par les exemples bien présents que nous offrent les autres planètes, si variées, du Système solaire. La planétologie comparée permet en effet de retrouver des copies des pièces manquantes et de retracer l'histoire effacée de l'environnement terrestre. Après la formation de la Terre, son atmosphère s'est construite progressivement, par dégazage* des roches gorgées de composés vaporisables, et par les apports de matériaux gazeux venant des fréquents bombardements extraterrestres, induits par les comètes et les météorites. Les impacts cométaires, en particulier, ont dû être très nombreux pendant les premières centaines de millions d'années de l'histoire de notre planète. Simultanément, la Terre s'est refroidie, l'eau de l'atmosphère s'est condensée. Une longue période de déluge s'est alors établie, conduisant à la formation de grandes étendues d'eau, les lacs et océans primitifs. C'est dans ces conditions, sous un bombardement continuel, que l'évolution chimique s'est mise en route, et a conduit, à travers de subtils mécanismes prébiotiques, aux premiers systèmes capables de se dupliquer eux-mêmes.

Une question de temps

La vie a eu besoin, pour apparaître, d'une Terre stabilisée, ne subissant plus constamment les bombardements violents et destructeurs des comètes et météorites. Cette contrainte conduit à supposer que l'évolution chimique terrestre a dû attendre près de cinq cents millions d'années avant de se mettre en place dans toute sa complexité. Elle aurait mis plusieurs dizaines, voire jusqu'à deux centaines de millions d'années pour conduire au vivant. Une durée gigantesque ! Était-elle suffisante ? Il n'est honnêtement pas possible de répondre à une telle question. Les chimistes du prébiotique n'ont jamais réussi à reproduire en laboratoire la totalité des processus conduisant à la vie. Les dernières étapes, les plus complexes, celles qui sont le lien entre l'inerte et le vivant, n'ont jamais pu être simulées expérimentalement dans des conditions prébiotiques réellement plausibles. Il semble peu probable qu'elles puissent l'être, compte tenu précisément du facteur temps. Ce facteur limite considérablement la durée de l'expérimentation humaine : que repré-sentent les quelques dizaines d'années de vie d'un chercheur face aux millions d'années de l'histoire prébiotique terrestre ?

Quelle vie ?

Quels furent ces premiers systèmes vivants ? Des bactéries primitives, analogues aux cyanobactéries constructrices de stromatolites, résistantes aux températures d'une planète encore très chaude ? Cela semble peu probable : un être monocellulaire est déjà extrêmement compliqué, trop compliqué pour apparaître directement, sans étapes intermédiaires. Où situer, parmi ces étapes, la limite – plutôt, une limite – entre vivant et non-vivant ?

Pour beaucoup, l'étape décisive correspond à l'apparition d'une macromolécule capable de se dupliquer. Mais laquelle ? Dans la cellule contemporaine, c'est l'acide nucléique qui joue ce rôle, et c'est lui, aussi, qui contient l'information indispensable à la synthèse des protéines. Or la synthèse des acides nucléiques a besoin des protéines-enzymes pour accélérer et guider sélectivement les réactions biochimiques nécessaires. D'où le dilemme classique de l'œuf et de la poule.

Mais depuis le début des années 80 les biochimistes américains Thomas Cech et Sidney Altman, de façon complémentaire, ont mis en évidence que l'acide ribonucléique (ARN) peut aussi être un catalyseur de plusieurs des réactions dans lesquelles il intervient (ils ont obtenu le prix Nobel de chimie en 1989 pour cette découverte). Un monde nouveau est alors apparu : le « monde ARN », un monde sans protéine-enzyme, dans lequel l'ARN joue le double rôle de molécule informative et de molécule catalytique.

La première macromolécule vivante fut-elle un brin d'ARN ? Cela semble très improbable : ces molécules sont délicates et fragiles, et surtout très difficiles à obtenir par des chemins prébiotiques, contrairement aux protéines. D'un autre côté, les protéines ne sont pas des molécules duplicatives. La réponse est peut-être dans une structure intermédiaire, des molécules analogues aux acides nucléiques actuels, mais utilisant des nucléotides plus simples (par exemple, avec un sucre plus simple que le ribose ou le désoxyribose). Des études expérimentales dans cette direction sont en cours, menées en particulier par l'équipe du chimiste suisse Albert Eschenmoser.

Les résultats obtenus jusqu'à présent sont cependant décevants. Peut-être faut-il davantage orienter les recherches dans la direction des protéines primitives, en essayant de mettre en évidence des processus autoréplicatifs – inconnus actuellement – à partir de ces composés. A moins que les premiers systèmes vivants aient été encore plus simples que ces macromolécules organiques. Pour le chimiste anglo-saxon Graham Cairns-Smith, la vie terrestre aurait débuté par une « vie cristalline », fondée sur des matériaux inorganiques. Les premiers systèmes vivants, germes cristallins capables de se dupliquer et d'évoluer, auraient ensuite été progressivement remplacés par des systèmes organiques. Idée intéressante mais qui n'a aucun support expérimental convaincant.

De nouvelles pistes s'ouvrent depuis le début des années 90. Celle du chimiste allemand Günther Wächtershäuser est très attirante. Wächtershäuser suppose que ces premiers systèmes réplicatifs étaient des grains de pyrite, un sulfure de fer, enrobés de matériaux organiques. Ces minéraux soufrés, très abondants sur Terre, présentent une surface chargée positivement qui facilite l'agrégation de matériaux organiques. En présence d'hydrogène sulfuré et de pyrite, le gaz carbonique de l'atmosphère aurait pu être transformé en longues chaînes carbonées, capables de grossir et de se dupliquer. Cette hypothèse est très séduisante, car elle réunit finalement les idées de Cairn-Smith faisant intervenir la chimie inorganique et celles, plus classiques, de l'évolution chimique, impliquant la chimie organique. Toutefois, ce compromis suppose que les premiers systèmes vivants capables de réduire CO_2 étaient autotrophes. Là encore, le support expérimental est manquant.

Atmosphère, océan ou... espace ?

Dans le scénario de l'évolution chimique, les questions ne se limitent pas à ses étapes ultimes. Quelle est l'origine réelle des ingrédients organiques à la base de la chimie prébiotique ? L'hypothèse d'une origine atmosphérique est-elle plausible ? Nous n'avons aucune information directe sur l'atmosphère primitive terrestre, ni aucune certitude sur sa composition chimique. Nous pouvons toutefois déduire cette dernière de considérations astrophysiques et géochimiques. L'atmosphère primitive ne contenait pratiquement pas d'oxygène moléculaire. Ce composé, qui constitue plus de 20 % de l'atmosphère actuelle, provient de la vie, plus précisément de la photosynthèse biologique. L'atmosphère devait être également très pauvre en hydrogène, la gravité terrestre n'étant pas assez forte et la température de la haute atmosphère étant trop élevée pour retenir cet élément chimique. Elle devait aussi être pauvre en ammoniac, trop facilement dissociable par le rayonnement ultraviolet solaire, non filtré par l'ozone qui nous protège aujourd'hui.

Le mélange gazeux choisi par Stanley Miller (voir p. 38) pour sa première expérience n'était donc pas un modèle plausible. Or il n'est pas évident non plus qu'un mélange de méthane, d'azote et de vapeur d'eau – la composition la plus favorable aux synthèses prébiotiques – en soit un. En effet, la présence d'une fraction importante de méthane dans l'atmosphère primitive terrestre est à présent mise en doute par de nombreux géochimistes. Leurs arguments sont fondés sur plusieurs observations et sur une argumentation difficilement contournable. Tout d'abord, lors des processus d'accrétion* qui ont conduit à la formation de la planète, la forme moléculaire la plus stable sous laquelle se serait trouvé l'élément chimique carbone aurait été le gaz carbonique (CO_2) et non le méthane (CH_4).

Cet argument est conforté par le fait que l'atmosphère de Vénus, une des « planètes sœurs » de la Terre, par ses dimensions et par sa position dans le Système solaire, est très riche en gaz carbonique (elle contient plus de 96,5 % de ce gaz, avec une pression de surface quatre-vingt-quinze fois supérieure à la pression à la surface de notre planète). L'atmosphère de Mars, l'autre planète sœur, bien que très ténue, contient elle aussi plus de 95 % de gaz carbonique. Enfin, l'atmosphère terrestre actuelle n'en renferme que quelques centièmes de pour-cent, mais si tout le CO_2 « piégé » dans les carbonates terrestres était vaporisé, alors il serait largement majoritaire dans l'atmosphère terrestre. La planétologie comparée nous conduit donc à supposer que les trois planètes sœurs de ce que l'on appelle le Système solaire intérieur, Mars, la Terre et Vénus, ont eu des atmosphères primitives analogues, riches en gaz carbonique.

Un autre argument repose sur les modèles d'évolution stellaire. Les astrophysiciens ont déterminé que le flux lumineux du Soleil devait être de 30 % plus faible il y a environ quatre milliards d'années qu'aujourd'hui. Dans de telles conditions, la température moyenne à la surface de la Terre aurait été beaucoup plus basse qu'elle ne l'est actuellement ; l'eau aurait dû geler, et l'évolution de la planète n'aurait pu conduire à la Terre actuelle ; à moins qu'un constituant de l'atmosphère ait permis un effet de serre suffisant pour compenser cette diminution d'énergie. Or le gaz carbonique aurait pu jouer ce rôle, et non le méthane. Mais si les géochimistes ont raison, si l'atmosphère primitive était riche en gaz carbonique, alors elle n'a pu produire les ingrédients organiques de la chimie prébiotique.

Deux autres scénarios sont donc envisagés. L'un fait appel aux océans. L'exploration des fonds sous-marins a permis, vers la fin des années 70, la découverte de sources hydrothermales. Dans les cheminées volcaniques de ces évents marins, qui produisent l'énergie nécessaire aux bactéries vivant de chimiosynthèse, tous les ingrédients semblent présents pour le démarrage d'une chimie prébiotique prometteuse. Le gaz carbonique et l'hydrogène sulfuré issus des entrailles de la planète, avec des minéraux réducteurs, sulfure de fer en particulier, et des catalyseurs, tels que la pyrite, en présence d'eau liquide à haute température et sous forte pression, pourraient conduire à des composés d'intérêt biologique. C'est ce que montrent les modèles théoriques. C'est aussi ce que suggèrent les rares simulations expérimentales partielles réalisées jusqu'à présent pour tester ce concept. Il est séduisant, car très proche de celui de Wächtershäuser, et il se place dans un contexte géologique très plausible. Mais il demande une réelle confirmation expérimentale.

L'autre scénario fait appel à l'espace. Il suppose que les ingrédients organiques de la cuisine prébiotique ont pu être apportés par les comètes, les météorites et les multiples particules extraterrestres qui bombardent en permanence notre planète et devaient

---

Il y a vie sur Terre !
La Terre est-elle la seule planète du Système solaire à avoir connu l'apparition du vivant ? L'étude des origines de la vie terrestre est l'une des approches que l'on peut suivre pour répondre à cette question. Mais en envahissant la planète bleue, la vie a profondément modifié son atmosphère et sa surface, effaçant toutes les traces géologiques d'avant la vie. L'exploration spatiale, grâce à la planétologie comparée, est à présent un moyen précieux pour tenter de reconstituer le mileu primitif terrestre et comprendre les conditions qui y régnaient avant que la vie n'apparaisse, tout en permettant de rechercher directement les traces d'une éventuelle vie extraterrestre.
Ph. © NASA/SPL/Cosmos.

arriver en bien plus grand nombre encore sur la Terre primitive. Après importation, la matière organique des chondrites* carbonées et celle des noyaux cométaires auraient participé directement à l'évolution chimique terrestre, à condition qu'elles n'aient pas été détruites par pyrolyse* lors de la traversée de l'atmosphère ou, surtout, lors de l'impact avec la surface. Or des études théoriques récentes indiquent qu'une atmosphère de gaz carbonique est l'une des plus efficaces pour freiner des objets la traversant à haute vitesse, donc pour les protéger d'une pyrolyse destructrice. Il est intéressant de noter qu'elle l'est beaucoup plus qu'une atmosphère de méthane. Ce dernier scénario n'est pas une nouvelle version de la panspermie. Ce n'est pas la vie qui vient de l'espace, mais les ingrédients carbonés nécessaires à l'évolution chimique. Les étapes suivantes, cuisine prébiotique produite par la rencontre de cette matière carbonée avec l'eau liquide, sont purement terrestres.

On ne peut abandonner complètement l'intervention de l'atmosphère dans ces processus. Quelle que soit sa composition, elle a obligatoirement été impliquée dans la chimie prébiotique terrestre, ne serait-ce que par les interactions atmosphère-surface. Les modèles d'atmosphère primitive riche en gaz carbonique ne sont que des modèles, essayant de reconstruire le milieu primitif en tenant compte de son évolution qui doit conduire jusqu'à l'environnement présent. Toutes les solutions n'ont pas été envisagées dans cette modélisation. En particulier, le rôle des nuages et des poussières dans l'effet de serre, qui a pu fortement influencer l'évolution thermique de la Terre primitive, n'a pas été pris en compte, pas plus que la possibilité d'un manteau terrestre chimiquement plus réducteur que prévu. Ces conditions pourraient tendre à augmenter le taux de méthane. D'un autre côté, il est clair à présent que beaucoup d'objets extraterrestres sont riches en matériaux organiques et qu'une partie d'entre eux ont pu contribuer à l'évolution chimique terrestre. Alors, où est la vérité ? Peut-être tout simplement dans un scénario incluant ces trois visions, qui ont dû, à mon avis, intervenir de façon complémentaire.

Avec son imagination,
l'homme a peuplé des mondes
qu'il ne connaissait pas
d'une vie dont il ignorait les mystères.
Pour étudier la vie dans l'Univers,
il lui fallait comprendre la vie terrestre
et ses origines.

L'aventure spatiale n'a pas (encore) dévoilé
la moindre vie extraterrestre,
présente ou même passée, mais,
dans une approche réellement multidisciplinaire,
l'exobiologie a déjà mis en évidence
l'universalité de la chimie organique.

L'exobiologie : un champ multidisciplinaire

Il y a seulement trente ans, l'exobiologiste Bernard Oliver écrivait : « Aujourd'hui personne ne s'attend sérieusement à ce que l'on trouve une vie intelligente hors de la Terre dans le Système solaire, bien que certains pensent que des formes de vie basées sur l'ammoniac doivent exister sur Jupiter et que très probablement il y a une végétation primitive sur Mars. » Ni Voyager, en ce qui concerne Jupiter, ni Viking, dans le cas de Mars, n'ont confirmé ces déclarations.

Une planète prébiotique : Titan
(page précédente).
Même à environ (seulement) 400 000 km de Titan, la sonde Voyager 1 n'a pu observer la surface du plus grand satellite de Saturne. Mais elle a clairement mis en évidence la présence d'une atmosphère dense, riche en composés organiques complexes. Ceux-ci sont aussi présents dans les aérosols qui sont à l'origine des couches de brumes – ici colorées en bleu –, voisines du limbe – en jaune – de la planète.
Ph. © Nasa / SPL / Cosmos.

L'espace pour apprendre

L'ensemble des paramètres qui gouvernent les processus d'évolution chimique de la matière inerte vers des systèmes vivants est loin d'être complètement appréhendé. Il n'est toutefois pas déraisonnable de penser que cette chimie hypothétique a pu se dérouler ailleurs. Cependant, pour tester cette hypothèse, il est indispensable d'avoir accès à des matériaux extraterrestres.

Le message des météorites

Jusqu'en 1969, les seuls objets extraterrestres dont nous disposions étaient les météorites. Encore considérées au début du XXe siècle par les adeptes de la panspermie comme les transporteurs potentiels d'éventuels micro-organismes issus d'autres mondes, ces pierres tombées du ciel font alors l'objet d'études approfondies. On découvre l'existence d'une très grande variété de ces matériaux. Certains ressemblent à des cailloux et sont riches en silice, d'autres ont un aspect métallique, contiennent des fractions importantes de fer et sont très denses, d'autres encore, plus friables et beaucoup moins denses, sont noirâtres et très riches en carbone. On les appelle les chondrites carbonées. Chondrites, car elles incluent des chondres, sphérules qui leur donnent un aspect granuleux ; carbonées, car elles contiennent jusqu'à 5 %, parfois plus, de carbone.

La première analyse officielle de météorite est réalisée en 1834 par le chimiste Jöns Berzelius (l'inventeur des symboles chimiques). Elle est suivie de très nombreuses études sur ces objets venus d'ailleurs : on y recherche la présence de spores, ainsi que celle de matière organique. En 1932, le biologiste C. B. Lipman publie une description détaillée de ses recherches de micro-organismes dans les météorites. Malgré une stérilisation extérieure et de multiples précautions afin d'éviter toute contamination biologique des échantillons extraterrestres, Lipman observe au microscope, après ensemencement d'un liquide nutritif par de la poudre obtenue par broyage d'un fragment météoritique, des bactéries vivantes en forme de grains ou de bâtonnets. Mais elles semblent si identiques aux microbes terrestres que l'hypothèse d'une contamination paraît très probable. Trente ans plus tard, les biologistes-géochimistes Claus et Nagy détectent dans la météorite d'Orgueil des structures microscopiques (de dimensions de l'ordre de la dizaine de micromètres) parfaitement organisées. Certaines ressemblent étrangement à des organismes monocellulaires fossilisés. C'est particulièrement le cas d'une structure à géométrie hexagonale qui semble n'avoir aucun équivalent

Les pierres du ciel.
La première météorite carbonée qui ait été étudiée en détail est celle tombée en 1864 à Orgueil, un petit village du sud-ouest de la France. De nombreux fragments pour un poids total de plus de 10 kg ont été recueillis. Certains sont encore conservés précieusement au Muséum national d'histoire naturelle de Paris. Comme les autres chondrites carbonées, la météorite d'Orgueil renferme de nombreux composés organiques, y compris des acides aminés, dont l'origine extraterrestre est solidement démontrée.
Ph. © Muséum national d'histoire naturelle, Paris.

biologique terrestre. Ils la nomment *Diadaphore Berzelii*, en hommage à Berzelius. Ce ne sera qu'une fausse alerte : en fait, *Diadaphore Berzelii* est en tout point semblable à un grain de pollen d'*Ambrosia Elatior* qui, lui, est bien terrestre.

Aucun organisme vivant extraterrestre n'a été trouvé dans les météorites. En revanche, de nombreux composés organiques, dont l'origine extraterrestre est désormais clairement démontrée, ont été identifiés dans les chondrites carbonées. La majeure partie du carbone qui y est présent l'est sous forme d'une phase insoluble dans la plupart des solvants et correspond à un matériau organique complexe de structure mal définie. Mais une fraction notable du carbone est sous la forme de composés de nature bien déterminée : hydrocarbures, acides carboxyliques, aldéhydes et cétones, alcools, amines, urée font partie de la longue liste.

Grâce aux techniques d'analyse chimique extrêmement puissantes, telles que la chromatographie en phase gazeuse couplée à la spectrométrie de masse, disponibles depuis la fin des années 60, on a pu aussi mettre en évidence la présence d'acides aminés et de bases puriques et pyrimidiques (ou du moins de leurs précurseurs*, composés différents capables de les libérer lors du protocole analytique) dans beaucoup de météorites carbonées, y compris celles venues très récemment nous visiter. C'est le cas de la météorite de Murchison, tombée en Australie en 1969, c'est aussi celui de plusieurs météorites récoltées en Antarctique, lors des campagnes internationales lancées à la fin des années 70.

Les acides aminés identifiés comprennent non seulement ceux que l'on trouve dans les protéines, mais aussi des composés qui ne jouent aucun rôle en biochimie, comme les acides γ-aminés (les acides aminés de protéine sont tous de type α). De plus, les analyses récentes, utilisant des techniques à haute résolution, capables de séparer les énantiomères, indiquent que ces composés sont toujours présents sous forme racémique, signe qu'ils ne proviennent pas d'une éventuelle contamination biologique d'origine terrestre. Enfin, l'analyse des isotopes* constituant cette matière organique, en particulier dans le cas du carbone et de l'hydrogène, conduit à des valeurs de rapports isotopiques (pourcentage de l'isotope ^{13}C par rapport à l'isotope naturellement le plus abondant, ^{12}C, et pourcentage de deutérium, D, par rapport à son isotope, l'hydrogène, H) indiquant une origine extraterrestre.

Les météorites macroscopiques ne sont pas les seuls objets extraterrestres qui traversent l'atmosphère de notre planète et se déposent à sa surface. La Terre est aussi bombardée de temps en temps par des fragments de comètes, et en permanence par des micrométéorites. Chaque année, plus de dix mille tonnes de particules microscopiques venant du cosmos sont captées par notre planète. Des collectes systématiques de ces particules ont lieu régulièrement depuis les années 80, à partir de vaisseaux en orbite terrestre, ou dans la stratosphère à partir d'avions, ou encore à la surface de la planète.

Les expéditions «Lac bleu» au Groenland et «Glace bleue» en Antarctique, effectuées par le géochimiste Michel Maurette et ses collègues, ont permis de recueillir des centaines de micrométéorites enfouies dans les boues des lacs groenlandais ou au cœur des glaces du pôle Sud. Leur analyse montre qu'une fraction notable des grains récoltés correspond à des particules poreuses de composition analogue à celle des chondrites carbonées, et qui n'ont pas fondu lors de la traversée de l'atmosphère terrestre. Il s'agit à présent d'effectuer des analyses chimiques précises de la matière carbonée présente dans ces particules. Ces études sont en cours ; les résultats déjà acquis montrent que l'ensemencement de la Terre par des matériaux organiques extraterrestres est un processus à prendre en considération.

Ces données montrent aussi de façon évidente que la chimie du carbone n'est pas l'apanage de la planète Terre. Une chimie organique complexe, analogue à la chimie prébiotique qui a conduit aux briques du vivant sur notre planète, a permis la formation d'acides aminés et de bases azotées constituant les acides nucléiques – ou de leurs précurseurs – dans les météorites carbonées. Pourquoi pas aussi à la surface de la Lune ?

Objectif Lune !

Bien avant d'aller poser le pied à la surface de notre satellite naturel, nous avions à notre disposition des échantillons lunaires. Parmi les météorites récoltées sur Terre, plusieurs proviennent de la Lune (et quelques-unes semblent provenir... de la planète Mars !). En effet, lorsque ces astres sont bombardés par des météorites, le choc peut être suffisamment violent pour expédier des fragments de la surface de la planète hors de celle-ci, et ce d'autant plus facilement que la gravité y est faible. Toutefois, pour connaître cette origine, il fallait connaître la composition chimique du sol lunaire, donc aller sur la Lune.

Le premier atterrissage en douceur sur le sol lunaire a eu lieu en 1966, avec la sonde soviétique

Luna 8. Mais c'est le premier pas de l'homme, le 20 juillet 1969, qui restera l'image la plus forte de l'histoire des grandes explorations de ce siècle. Des millions de téléspectateurs ont assisté en direct à la sortie des astronautes américains Neil Armstrong et Edwin Aldrin du module lunaire d'Apollo 11. Ce « grand pas pour l'humanité » marquait aussi le début du programme américain d'exploration intensive de la Lune. En trois ans et six débarquements humains, deux mille échantillons, représentant quatre cents kilogrammes de matière lunaire, ont été rapportés sur Terre.

En dépit de précautions extrêmes, indispensables afin d'éviter une contamination quelconque de ces matériaux extraterrestres par la vie terrestre, aucun composé organique d'origine lunaire n'a été détecté dans ces échantillons. L'absence d'acide aminé, démontrée après quelques controverses entre les laboratoires participant aux analyses chimiques, bien que décevante, est finalement assez facile à comprendre. Par suite de l'absence d'atmosphère protectrice, le régolithe qui constitue le sol de la Lune est constamment bombardé par des particules de haute énergie, rayons cosmiques*, photons et autres particules (principalement protons) composant ce que l'on appelle le « vent lunaire ». Ce flux est suffisamment énergétique pour détruire toute matière organique présente dans les couches superficielles, jusqu'à une profondeur pouvant atteindre plusieurs dizaines de centimètres. C'est bien au-delà qu'il faudrait donc fouiller le sol lunaire pour avoir une chance de trouver de la matière organique complexe.

L'environnement lunaire est si hostile que la probabilité qu'il serve de niche à d'éventuels micro-organismes est extrêmement faible. Et pourtant, lorsque la NASA lança le programme Apollo, elle ne voulut prendre aucun risque. Une commission fut chargée d'étudier spécifiquement le problème d'une éventuelle contamination biologique : contamination du sol lunaire par la vie terrestre que nous pourrions y apporter involontairement, et surtout contamination de notre planète par les micro-organismes extraterrestres, susceptibles d'être transférés sur Terre avec les échantillons lunaires.

Les avis étaient partagés : fallait-il dépenser des millions de dollars pour protéger notre planète contre un phénomène improbable ? L'enjeu était trop grand : la commission, finalement, proposa que les modules de descente fussent stérilisés et que les astronautes, avec les échantillons de Lune qu'ils avaient récoltés, fussent mis en quarantaine à leur retour sur Terre. Cette précaution se révéla inutile. Les seuls germes vivants trouvés sur la Lune sont ceux que nous y avons semés. La caméra de télévision de l'engin Surveyor 7 n'avait pas été stérilisée avant son lancement. Elle est restée près de deux ans à la surface de la Lune. Elle fut rapportée sur Terre par les astronautes d'Apollo 12. On constata alors qu'elle avait abrité pendant tout son séjour extraterrestre des spores – bien terrestres – et que ces bactéries à l'état dormant avaient survécu aux conditions lunaires. L'établissement d'une quarantaine lors des missions Apollo aura au moins autorisé cette découverte.

Il n'y a donc pas de vie ni même de composés d'intérêt biologique sur notre satellite naturel, en dehors de ce que nous y avons apporté. Toutefois, ces premières missions d'exploration ont permis de mieux cerner la question de la vie extraterrestre ; elles sont à l'origine de l'apparition et du développement d'un nouveau champ de recherche multidisciplinaire : l'exobiologie. Elles constituaient l'étape indispensable avant les missions d'exploration vers un autre objet d'importance exobiologique considérable : la « planète rouge ».

La vie sur Mars ?

Depuis que l'homme sait regarder le ciel et reconnaître les astres qui s'y meuvent, de toutes les planètes facilement observables du Système solaire, Mars est sans nul doute celle qui l'a fasciné le plus. Ce minuscule disque rougeâtre, couleur du sang et des batailles, était dévolu au dieu de la guerre dans l'Antiquité. La planète rouge est devenue, depuis, l'un des objets d'étude favoris des exobiologistes. Proche de la Terre, de dimensions comparables (bien que notablement inférieures : le diamètre de la planète Mars est égal à environ la moitié de celui de notre planète), Mars a régulièrement suscité les hypothèses les plus osées, conduit aux projets les plus audacieux et nourri l'histoire des sciences de morceaux de bravoure. L'un des plus classiques est l'aventure des canaux martiens.

L'histoire démarre en Angleterre en 1864 : l'astronome William Rutter Dawes vient de détecter de gigantesques bras parcourant le globe martien. En effet, avec l'invention de moyens d'observation de plus en plus puissants, les astronomes se mettaient à redécouvrir les planètes qu'ils croyaient déjà connaître. L'histoire se poursuit à la même époque en Italie, avec l'astronome Angelo Secchi (1818-1878): celui-ci vérifie les observations de Dawes, confirme la présence de ces énormes bras et les nomme «*canali*». Ce mot, qui signifie «bras de mer» en italien, est malencontreusement traduit «canaux», suggérant l'existence de structures artificielles d'irrigation à la surface de Mars. Le mythe des canaux martiens est né. Il va être alimenté par les études de l'astronome Giovanni Schiaparelli (1835-1910) qui, en 1877, profite de conditions de rapprochement exceptionnelles pour l'observation de Mars. Il repère de vastes réseaux de canaux réguliers sur la planète rouge.

La suite de l'histoire se déroule principalement aux États-Unis. Percival Lowell (1855-1916), «canaliste» convaincu, dépense la majeure partie de sa fortune personnelle dans les observations de Mars. Il fait construire l'observatoire de Flagstaff en Arizona, inauguré en 1894, et passe la plupart de son temps à observer et décrire les canaux martiens, signes de la présence d'une vie intelligente et technologiquement avancée sur cette planète. L'amélioration des télescopes au cours du XXe siècle conduit à abandonner progressivement les interprétations des «canalistes». Ce qu'ils croyaient être des canaux n'était sans doute que d'immenses nuages de poussières parcourant la planète.

Dans les années 60, la NASA envoie successivement trois vaisseaux Mariner survoler et observer au passage la planète Mars, et un quatrième, en 1971 (Mariner 9), qui est mis en orbite autour de la planète. Dans la même période, l'Union soviétique envoie huit vaisseaux, le dernier en 1973. Ces missions, en premier lieu, Mariner 9, fournissent des images de Mars d'une précision jamais obtenue auparavant. Le doute disparaît alors totalement. Les photographies détaillées de la surface de Mars ne révèlent aucun canal artificiel. En revanche, elles montrent des formations géologiques semblables à des lits de fleuve.

Il y a eu de l'eau sur Mars. Peut-être y en a-t-il encore. Mars possède une atmosphère qui, bien que ténue (environ cent trente fois moins dense que l'atmosphère terrestre) est principalement composée de gaz carbonique. Les températures à la surface sont fortement changeantes ; elles varient, selon la latitude et la saison, dans une très large gamme allant d'environ – 140 °C à des valeurs beaucoup plus supportables (de l'ordre de 20 °C). Au début des années 70, on considère que la probabilité qu'il y ait une vie sur Mars est loin d'être nulle. C'est l'hypothèse de base de l'aventure Viking. Le 20 juillet 1976, la sonde Viking 1 se pose en douceur dans l'hémisphère Nord sur le site de Chryse Planitia. Le 3 septembre, c'est le tour de Viking 2, plus au nord, sur un site nommé Utopia, de l'autre côté de la planète. C'est l'aboutissement de l'un des projets exobiologiques les plus audacieux : la recherche – par des expériences robotisées – d'une vie microscopique sur Mars. Ce n'est pas le seul objectif de cette mission. Les expériences de recherche de vie et de composés organiques sur Mars ne représentent que 10 % du milliard de dollars investi dans le projet Viking (soit, malgré tout, la coquette somme de cent millions de dollars). Cependant ces expériences sont la principale justification de la mission Viking auprès du grand public.

La définition et le développement de l'expérience d'analyse de matière organique n'a pas posé de problème majeur. Le choix (expérience GC-MS*) s'est porté sur un instrument de pyrolyse (permettant la vaporisation des échantillons de sol martien) couplé à un chromatographe en phase gazeuse* (séparant les constituants gazeux obtenus) lui-même couplé à un spectromètre de masse* (capable d'identifier les constituants sortant du chromatographe). Cependant c'est la première fois que ce type d'instrument est utilisé dans une mission d'exploration planétaire ; il faudra attendre l'arrivée de la mission Cassini-Huygens au voisinage de Saturne et de Titan, en 2004, pour en avoir un deuxième exemple.

La mission Viking incluait aussi un ensemble d'expériences spécifiques de recherche de systèmes biologiques, complémentaires de l'expérience GC-MS d'analyse chimique de composés organiques. La définition des expériences biologiques fut un véritable casse-tête, dont la résolution était d'autant plus difficile que les protagonistes étaient en désaccord évident sur la nature des êtres vivants martiens. Certains, l'astrophysicien et exobiologiste Carl Sagan en tête, étaient convaincus que la planète Mars peut abriter une vie aussi variée et diversifiée que la vie terrestre, incluant même une vie macroscopique. « Il n'y a aucune raison d'exclure la présence sur Mars d'organismes de taille allant de celle de la fourmi à celle de l'ours polaire. Et il y a même des raisons de penser que les grands organismes peuvent s'adapter plus facilement sur Mars que les petits. » Le contenu de cette déclaration de Sagan n'emporte cependant pas l'adhésion de la majorité des membres de l'équipe scientifique de la mission Viking . Il semble plus raisonnable de supposer que les « macrobes » sont absents de Mars et de se limiter aux microbes.

Trois expériences exobiologiques, liées à la recherche d'une vie microscopique (fondée sur la chimie du carbone), ont été finalement choisies. La première (« *Pyrolytic Release* ») est consacrée aux micro-organismes autotrophes. Les deux autres (« *Labeled Release* » et « *Gas Exchange* ») recherchent au contraire des micro-organismes hétérotrophes en essayant de détecter une activité métabolique dans les échantillons de sol. Leurs résultats, bien que difficiles à interpréter, pourraient conduire à penser que le sol martien inclut des micro-organismes. Cependant, les études effectuées en laboratoire, afin d'analyser et de reproduire ces données, montrent que ces expériences n'étaient pas suffisamment spécifiques du vivant. En fait, leurs réponses « positives » sont compatibles avec des explications non biologiques, faisant intervenir une activité chimique importante du sol martien. En revanche, les résultats de l'expérience GC-MS sont clairs et permettent de trancher : aucun composé organique n'a été détecté. La conclusion actuelle est que le sol de Mars, sans doute très oxydé, ne renferme, du moins sur les deux sites visités, ni micro-organisme ni aucun composé organique.

Une des idées qui a été avancée pour interpréter les résultats de Viking est que les bactéries martiennes sont des bactériophages : des bactéries qui se mangent elles-mêmes, ne produisant aucun déchet susceptible de perdurer, ne laissant ainsi aucune trace de composé organique dans le sol (à part elles-mêmes). En fait, il faut bien avouer que, depuis l'aventure Viking, la présence d'une vie sur Mars semble très improbable. Pourtant, quelques-uns y croient encore. Certains, parmi ceux qui ont participé directement aux expériences biologiques de la mission, ne sont pas convain-

---

Les expériences exobiologiques de la mission Viking.
Les sondes Viking qui se sont posées à la surface de Mars en 1976 incluaient un ensemble de trois expériences spécifiquement destinées à la recherche d'une vie microscopique. L'expérience « Pyrolytic Release » *devait mettre en évidence une éventuelle activité photosynthétique du sol martien (due aux bactéries autotrophes qu'il aurait pu contenir), avec assimilation de* CO_2 *et CO. Les deux autres essayaient de détecter une activité métabolique d'êtres hétérotrophes dans les échantillons de sol, avec assimilation de substances nutritives. Dans l'expérience* « Labeled Release », *ces substances sont marquées au carbone 14 ; il est facilement repéré, après assimilation éventuelle, par un détecteur de radioactivité offrant une très grande sensibilité, sans permettre toutefois de préciser la nature du métabolisme. Cette précision est apportée par l'expérience* « Gas Exchange », *équipée d'un système de détection moins sensible, mais capable de fournir des informations sur la nature des gaz émis après l'assimilation.*

« ***Labelled release*** »

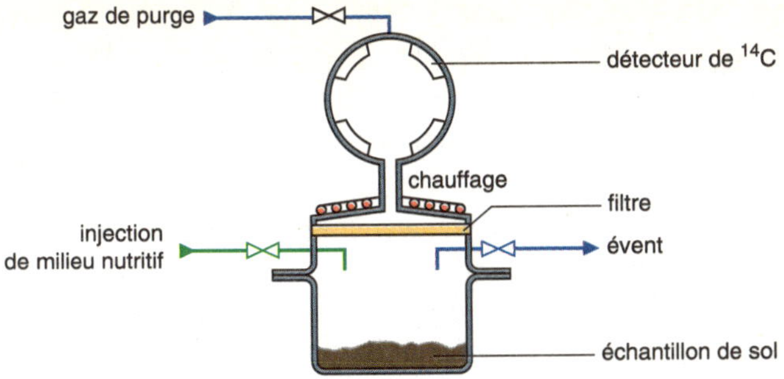

« ***Gas exchange*** »

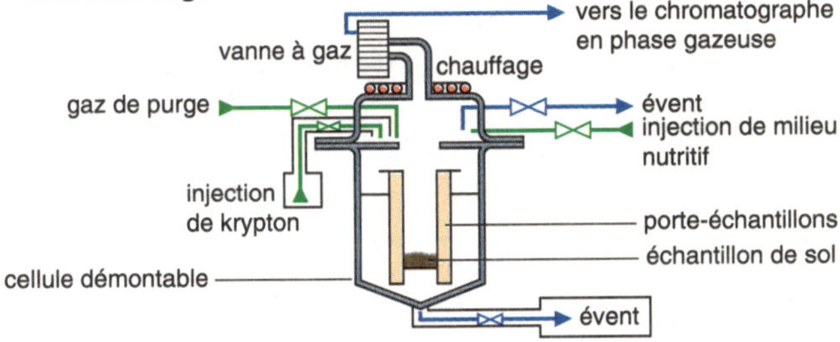

« ***Pyrolytic release*** »

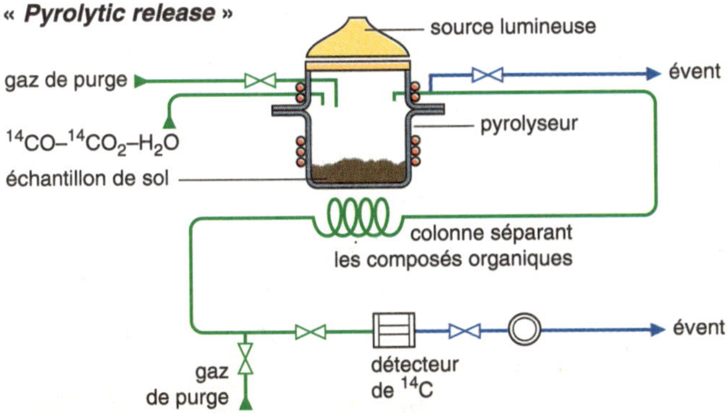

Source : P. de la Cotardière (sous la direction de), *Astronomie*, Larousse, 1991.

cus que l'on puisse expliquer l'ensemble des données de ces expériences par des processus uniquement chimiques et non biologiques. D'autres pensent que les résultats obtenus sur deux sites seulement ne sont pas transposables à l'ensemble de la planète. Nous n'avons peut-être pas choisi les endroits martiens les plus propices à abriter la vie. Il faudrait aller voir ailleurs, dans les régions riches en lits fluviatiles, où l'eau devait couler en abondance, ou aux pôles, là où la neige carbonique est mélangée à de la glace d'eau. Pour ces rares défenseurs de la vie martienne, de toute façon, absence de preuve n'est pas preuve de l'absence et nous n'avons donc pas démontré que la vie est absente de Mars.

Je ne partage pas cet avis. Les données de Viking indiquent que le sol martien doit être très riche en peroxydes, composés contenant beaucoup d'atomes d'oxygène, telle l'eau oxygénée, et très oxydants. La couleur rouge du sol est d'ailleurs due à la présence d'oxydes de fer. On imagine difficilement des micro-organismes résistant à des conditions si hostiles. L'absence d'eau liquide sur Mars est aussi une indication essentielle. Mieux encore, la composition chimique de l'atmosphère martienne est à présent connue en grande partie grâce justement à la mission Viking : cette atmosphère ne renferme aucun composé organique. Or, si la vie était présente sur Mars, elle devrait se manifester dans tout l'environnement de la planète. L'atmosphère, en état de déséquilibre thermodynamique permanent, devrait contenir les marques chimiques de la vie microscopique martienne, même si cette dernière vit profondément enfouie dans le sol martien. La Terre nous offre un exemple frappant de ce déséquilibre. Son atmosphère, bien que très oxydante, est riche en produits organiques. C'est la vie qui constamment l'approvisionne, fournissant ainsi la signature évidente de sa présence sur la planète Terre.

Viking n'avait pas pour seul objectif la recherche de vie et de composés organiques sur la planète rouge. Le module d'atterrissage incluait, outre les expériences exobiologiques et l'expérience GC-MS, une expérience d'analyse inorganique, une autre d'imagerie et différents instruments destinés à mesurer les vents, les propriétés magnétiques et physiques et l'activité sismique. Plusieurs expériences étaient aussi à bord du vaisseau, en particulier une instrumentation d'imagerie à haute résolution, qui a permis une cartographie détaillée de la planète. Les milliers d'images qui ont ainsi été obtenues montrent de façon évidente que l'eau liquide était présente à la surface de Mars dans un passé ancien. Les multiples réseaux de fleuves asséchés, de vallées dont la morphologie est caractéristique d'une origine par ruissellement constituent une preuve irréfutable. De nombreuses formations à la surface de Mars suggèrent aussi la présence de gigantesques quantités souterraines d'eau gelée. Ce « pergélisol », si son existence est confirmée, serait, avec les calottes glaciaires qui occupent les pôles, le réservoir rassemblant la majeure partie de l'eau sur Mars.

La morphologie de l'hémisphère Sud martien est assez semblable à celle de la Lune, avec un taux de « cratérisation » important. L'étude du nombre et de la distribution de ces cratères (formés par impacts... « extramartiens »), par comparaison avec leurs analogues lunaires, permet une datation des terrains correspondants (entre 3,8 et 4,2 milliards d'années). Cela signifie que près de la moitié de la planète rouge présente une surface qui n'a été altérée ni par l'érosion ni par l'activité volcanique ou sismique, contrairement à la planète Terre, où les roches aussi anciennes (telles que celles d'Isua) sont extrêmement rares. Cette différence est aisément explicable : il n'y a quasiment pas d'activité tectonique sur Mars.

Cette nouvelle vision de Mars permet de construire un scénario d'évolution de la planète. Mars s'est formée par accrétion, en même temps que la Terre et les autres planètes. Pendant le premier milliard d'années de son histoire, elle a connu un bombardement météoritique intense. Il y a environ 3,5 milliards d'années, la planète subissait déjà une érosion fluviatile importante (comme le montrent les photographies de l'hémisphère Sud). Mars devait donc, à cette époque, posséder de l'eau liquide en abondance. Mais il lui fallait aussi une atmosphère dense, faite de gaz carbonique, permettant, par effet de serre, de maintenir une température de surface compatible avec la présence d'eau liquide. Cette atmosphère, entretenue par un dégazage du manteau martien, aurait connu des pluies et des orages, produisant l'érosion du sol, éliminant le gaz carbonique de l'atmosphère (par un véritable lessivage), et le transformant en carbonate à la surface. L'atmosphère de Mars s'est ainsi progressivement appauvrie en son constituant principal, le gaz carbo-

La planète rouge a peut-être été bleue.
La surface de Mars est couverte de formations « géologiques » variées et complexes. Plusieurs, comme les formations de la Valles Marineris, sont semblables aux canyons et aux lacs terrestres. La présence de ces structures suggère fortement que l'eau liquide était abondante sur la planète Mars au début de son histoire.
Ph. © US Geological Survey / SPL / Cosmos.

nique. Dans le cas de la Terre, qui a connu des processus analogues, les carbonates ont pu être recyclés dans l'atmosphère sous forme de gaz carbonique grâce à la tectonique et au volcanisme. Les mouvements des grandes plaques continentales à la surface de la Terre entraînent les carbonates dans les entrailles chaudes de la planète. Là, ils sont reconvertis en gaz carbonique et réinjectés dans l'atmosphère lors des éruptions volcaniques. Sur Mars, l'absence de tectonique a laissé le gaz carbonique irréversiblement « piégé » dans le sol. Appauvrie en CO_2, l'atmosphère s'est refroidie, l'effet de serre diminuant d'autant, favorisant encore plus les pluies, le lessivage du CO_2 et le refroidissement. L'augmentation du flux solaire n'a pu contrer cette tendance inéluctable. La température de surface a ainsi progressivement diminué, jusqu'à ce que l'atmosphère disparaisse et que l'eau se transforme totalement en glace. Dans ce scénario catastrophe, un point au moins est essentiel pour l'exobiologie : Mars possédait une atmosphère dense et de l'eau liquide à l'époque où la vie était en train d'apparaître et d'envahir toute la planète Terre sous une forme déjà évoluée.

Pourquoi la vie n'aurait-elle pas aussi pris naissance sur Mars ? Elle aurait disparu depuis, par suite d'une évolution différente des deux planètes due principalement à l'absence de tectonique des plaques sur la planète rouge. Tester cette hypothèse nécessite de rechercher des traces de vie éteintes il y a plus de 3, voire 3,5 milliards d'années. Quelle vie ? Une vie microscopique, fondée sur la photosynthèse ? Des cyanobactéries ayant laissé des vestiges analogues aux stromatolites terrestres ? Des bactéries vivant de chimiosynthèse, comme celles des évents marins ? Des micro-organismes très différents de ceux que nous connaissons ?

Mars présente un avantage : contrairement à la Terre, où les traces de vie datant de plus de 3,5 milliards d'années semblent avoir disparu, la planète rouge a conservé une surface relativement peu altérée.

Si la vie martienne a existé, ses traces doivent donc être bien mieux conservées et (relativement) plus faciles à trouver que celles de la vie terrestre de la même époque. Mais cette quête nécessite des moyens qui ne seront pas mis en œuvre avant les années 2000, car elle fait appel à des véhicules d'exploration du sol martien se déplaçant sur de grandes distances et transportant des instruments robotisés suffisamment intelligents pour repérer et identifier des microfossiles. Ce seront des missions spatiales largement internationales, missions de la planète Terre vers sa sœur Mars. En revanche, les prochaines missions martiennes, dans un futur plus proche, devraient pouvoir répondre à la question, elle aussi d'importance considérable pour l'exobiologie : où sont passés l'eau liquide et le gaz carbonique de l'environnement primitif de Mars ? La meilleure réponse serait la confirmation que les deux sont « piégés » dans le sol sous forme respectivement de pergélisol et de carbonates.

La découverte d'une vie, même éteinte, sur Mars, comme l'a déclaré le physicien américain Philip Morrison, « transformerait l'origine de la vie de miracle en statistique ». Ce serait aussi pour nous le moyen sans doute unique de trouver dans le Système solaire des traces de vie primitive analogues à celles qui sont maintenant totalement effacées sur Terre.

D'autres niches dans le Système solaire ?

La vie – du moins celle que nous connaissons – semble avoir besoin d'eau liquide pour persister et pour se développer. Une condition nécessaire (mais non suffisante) pour qu'un environnement extraterrestre abrite la vie est donc qu'il possède aussi ce précieux liquide. A la pression atmosphérique qui règne aujourd'hui à la surface de la Terre (une atmosphère, soit environ dix hectopascals), l'eau bout à 100 °C et se solidifie à 0 °C. On peut diminuer notablement la température de congélation en ajoutant des substances au liquide. Ainsi, l'eau de mer riche en sels ne commence à geler qu'à environ – 20 °C, valeur peu sensible à une modification de pression. En revanche, en augmentant la pression, on peut conserver l'eau à l'état liquide à des températures très supérieures à 100 °C. Mais la vie est elle-même conditionnée par la température de l'eau liquide. L'exemple des évents marins terrestres est illustratif : la température de l'eau au voisinage des cheminées volcaniques varie entre 250 et 300 °C, et n'est maintenue liquide que grâce à la pression des milliers de mètres d'eau situés au-dessus (ce qui correspond à une pression de plusieurs centaines d'atmosphères). Cependant la vie, y compris les micro-organismes, ne se trouve que dans les zones immédiatement voisines et dont les conditions sont déjà beaucoup moins hostiles, avec des températures ne dépassant pas 100 °C environ.

Les niches où la vie peut s'épanouir sont dans des environnements ni trop froids ni trop chauds, à des températures situées entre – 50 °C et 100 °C, ce qui inclut l'eau liquide. Il existe autour du Soleil une zone qui remplit ces conditions. Cette zone, appelée parfois « biotherme », est une mince couronne située entre l'orbite de Vénus et celle de Mars, et qui comprend, bien sûr, la Terre. Vénus est trop proche du Soleil, ce qui fait d'elle une planète très chaude : la température moyenne à la surface est de 464 °C. Cette température infernale est entretenue par un effet de serre extrêmement puissant, induit par la présence d'une atmosphère très dense, faite de gaz carbonique et de nuages d'acide sulfurique. Avec de telles conditions, il est improbable que Vénus abrite la vie actuellement. La sonde Magellan, lancée en 1989 et placée en orbite autour de Vénus, observe de façon approfondie la surface de la planète et en dresse une cartographie détaillée, grâce à son radar à haute résolution. Les données déjà fournies suggèrent pour certains que la planète a pu connaître l'eau liquide, lorsque le Soleil était moins puissant et que l'atmosphère vénusienne, moins dense, provoquait un effet de serre plus faible. Peut-être, alors, a-t-elle aussi connu l'évolution chimique et l'éclosion de la vie. Si c'est le cas, il me semble totalement exclu que nous puissions envisager pour l'instant d'en rechercher les traces fossiles. Nous ne disposons pas actuellement des moyens technologiques nécessaires pour une telle recherche. Pis encore : en supposant qu'elles aient existé, ces traces, contrairement à leurs analogues martiennes, ont dû disparaître totalement, en raison de l'activité de la surface de Vénus.

En dehors de cette zone biotherme, il existe des milieux compatibles avec l'eau liquide dans le Système solaire. Les atmosphères denses de Jupiter et Saturne, malgré leur éloignement du Soleil, possèdent, dans leurs profondeurs, des zones où la température est clémente et où l'eau pourrait être liquide. Mais ces planètes n'ont pas de surface solide : elles sont faites de gaz, principalement d'hydrogène, et leurs atmosphères sont animées de mouvements violents qui me semblent incompatibles avec l'apparition de la vie. En revanche, ces planètes possèdent de nombreux satellites, composés essentiellement de glace, et dont la surface bien formée est parfaitement visible de nos instruments d'observation. Parmi ceux-ci, Europe, l'un des satellites de Jupiter, survolé en 1979 et en 1980 par les deux sondes Voyager, présente une surface d'eau gelée, entaillée par de multiples et longues failles profondes.

Un des modèles de structure interne proposés pour rendre compte des propriétés de ce corps planétaire (de 3 000 km de diamètre) suggère que, sous une couche superficielle de glace de 10 km d'épaisseur, Europe possède un océan d'eau liquide de 100 km de profondeur. L'énergie proviendrait des forces de marée, dues aux interactions avec Jupiter, provoquant également les craquelures à la surface du satellite. Europe pourrait aussi inclure, comme beaucoup des satellites de Jupiter, de la matière organique (car, l'eau mise à part, ils semblent faits des mêmes matériaux que les chondrites carbonées).

La possibilité que la vie soit apparue sur Europe et s'y soit maintenue jusqu'à aujourd'hui est sérieusement prise en compte. Bien qu'elle me semble peu probable, on ne peut exclure cette hypothèse. Les futures missions vers Europe, que l'on commence à concevoir dès à présent, mais qui ne pourront voir le jour avant les années 2000, devront inclure des expériences exobiologiques.

Et ailleurs ?

Les seules chances qu'il nous reste de repérer une vie extraterrestre se trouvent en dehors du Système solaire. Je ne crois pas que les objets volants non identifiés, disons plutôt les observations de phénomènes aériens non expliqués, soient le signe de la visite d'êtres intelligents venus d'ailleurs, ni même de leurs robots. A ce stade, il s'agit bien de croyances, car les éléments dont nous disposons sont trop minces pour qu'ils puissent être considérés comme des preuves ou des indices sérieux. En revanche, je suis convaincu de l'existence d'une vie ou de vies dans d'autres systèmes solaires, y compris de vies intelligentes. Et cette conviction est renforcée par les données nombreuses allant dans cette direction, dont dispose aujourd'hui l'exobiologie.

La recherche de type SETI* (*Search for Extra-Terrestrial Intelligence* : recherche d'intelligence extraterrestre) me semble une approche qui doit se continuer, avec des moyens adéquats. Un financement de la NASA a permis la construction d'un détecteur spécifique, capable d'explorer simultanément dix millions de canaux, c'est-à-dire d'« écouter » dix millions de fréquences différentes. Inauguré le 12 octobre 1992 (le jour du cinq centième anniversaire de l'arrivée de Christophe Colomb en Amérique et l'année internationale de l'espace), ce système est à présent opérationnel. Il a besoin toutefois de radioastronomes, de radiotélescopes et de financements. La conjoncture n'est pas très favorable ; SETI n'est pas dans les priorités des agences spatiales. Ces dernières, comme la plupart des organismes de recherche, subissent aussi la crise économique, doivent réduire leurs budgets et faire des choix. Pourtant, les radiotélescopes existent : Arecibo, Nançay sont parmi les plus intéressants pour une recherche SETI, et de nombreux radioastronomes exobiologistes (ou « bioastronomes ») sont prêts à s'investir encore plus dans ce type de recherches, y compris en France. Cette approche, qui pourrait être très efficace, coûte relativement peu et possède à présent les outils nécessaires. Elle peut en outre conduire à des découvertes inattendues dans des domaines autres que l'exobiologie.

En fait, SETI n'est pas le seul moyen dont nous disposions pour repérer la vie hors du Système solaire. Supposons qu'une vie, même microscopique, mais analogue à la vie terrestre, soit présente sur une des planètes hypothétiques qui tournent autour d'une des étoiles proches du Soleil. Alors cette planète doit posséder une atmosphère riche en oxygène, O_2, produit de la photosynthèse biologique, incluant une couche d'ozone, O_3, formé par photochimie de O_2. Cette couche protège d'ailleurs, comme son analogue terrestre, les systèmes vivants du rayonnement ultraviolet destructeur émis par l'étoile de cette planète. Les techniques spectroscopiques, de plus en plus puissantes, devraient atteindre, à l'horizon 2000, la sensibilité indispensable à la détection éventuelle de O_2 et de O_3 autour d'étoiles proches. Peut-être faudra-t-il pour cela observer depuis l'espace. L'observation à partir de satellites artificiels en orbite terrestre est bien sûr déjà à notre portée. Elle permettra d'éviter, en partie, les perturbations importantes venant de notre propre atmosphère (en particulier de son oxygène et de son ozone). L'observation à partir d'un observatoire lunaire, loin des bruits de notre globe, me semble encore plus prometteuse.

Les futures stations spatiales devraient aussi nous offrir les moyens de rechercher efficacement des systèmes planétaires. Nous n'en connaissons qu'un actuellement : le Système solaire. Mais les modèles qui expliquent sa formation suggèrent qu'il s'agit d'un phénomène très général, partant d'un disque protoplanétaire. Par accrétion des poussières le constituant, ce disque se transformerait rapidement (un millier d'années suffiraient) en miniplanètes et en comètes gravitant autour d'une étoile centrale. L'agrégation rapide de ces petits corps conduirait progressivement (en quelques dizaines de milliers d'années) aux planètes finales. Nous n'avons détecté jusqu'à présent aucune planète extrasolaire. En revanche, grâce à nos nouveaux moyens d'observation, principalement grâce au satellite artificiel IRAS, les disques protoplanétaires ne sont plus une hypothèse. Nous en avons découvert plusieurs. Déjà, d'après de récentes études, β-Pictoris, le plus célèbre, semble même posséder des planètes. L'étude des mouvements de plusieurs étoiles proches suggère qu'elles sont aussi entourées de « compagnons obscurs », planètes géantes plus grosses que Jupiter. Toutefois, la détection directe de planètes extrasolaires ne pourra se faire de manière fiable qu'avec des outils plus adaptés, comme les techniques optiques que l'astronome français Antoine Labeyrie a récemment développées et qu'il aimerait bien installer… sur la Lune.

L'espace pour comprendre

L'observation du Cosmos nous a permis de connaître la large variété de corps, d'environnements et d'atmosphères planétaires. Il est temps d'utiliser cette connaissance en l'appliquant à d'autres domaines (l'origine de la vie est un exemple), mais aussi d'utiliser l'espace pour comprendre l'exobiologie, ses différents aspects et processus.

Expériences en orbite terrestre

L'espace proche, celui qui est accessible à partir d'un satellite en orbite terrestre, nous donne accès à un environnement qu'il est encore impossible de simuler dans toute sa complexité sur le sol terrestre. Nous ne sommes pas capables de reproduire en laboratoire, de façon vraiment fidèle, le flux ultraviolet du Soleil, avec toute sa richesse et sur des durées supérieures à quelques jours. Nous sommes encore moins capables d'inclure dans nos simulations l'effet simultané d'autres particules énergétiques : rayons cosmiques et vent solaire*. Or nous avons besoin de simuler ces sources d'énergie pour comprendre, par exemple, comment évoluent les mélanges carbonés complexes, modèles de la matière organique météoritique, et comment les apports météoritiques ont pu participer à la chimie prébiotique terrestre. Nous avons aussi besoin de l'espace pour étudier la résistance de matériaux ou systèmes biologiques soumis aux contraintes de l'espace.

Depuis une dizaine d'années environ, des expériences en orbite autour de la Terre permettent d'approcher ces questions. C'est le cas par exemple du module ERA (*Exobiological Radiation Assembly*) à bord de la plate-forme européenne EURECA, lancée à la fin des années 80 par la navette spatiale américaine. Elle a permis, entre autres, l'étude de micro-organismes exposés aux conditions de l'espace, et montré leur grande fragilité vis-à-vis du rayonnement ultraviolet. Plus de 90 % de spores sont tués en quelques secondes par le rayonnement ultraviolet solaire de longueurs d'onde inférieures à 170 nanomètres. Les conditions de vide extrême augmentent drastiquement cette mortalité. Les matériaux biologiques, acides nucléiques principalement, sont irréversiblement dégénérés dans de telles conditions.

Il me semble clair que le concept de panspermie – qui parfois resurgit dans des écrits de scientifiques contemporains – est très difficilement défendable au vu de ces données expérimentales, à moins d'agrémenter les systèmes biologiques d'une carapace protectrice efficace. Ainsi, les rayonnements énergétiques de l'espace, en particulier ceux provenant du Soleil, d'un côté détruisent les systèmes vivants, de l'autre sont indispensables pour provoquer des réactions prébiotiques : transformation d'acides aminés en polypeptides, polymérisation de matériaux carbonés simples, correspondant à une complexification des matériaux organiques avant leur importation sur Terre. Là aussi, des expériences sont en cours qui font largement appel à l'espace proche.

Une chimie prébiotique dans les comètes

Les données fournies par l'armada de vaisseaux spatiaux qui sont partis à la rencontre de la comète de Halley, en 1986, ont considérablement accru notre connaissance des comètes et ont soudainement dévoilé un environnement beaucoup plus riche en composés organiques que prévu. Les comètes semblent être, de tous les objets célestes que nous connaissons, ceux qui renferment la plus grande fraction de matière carbonée. Elles sont composées d'un noyau, sans doute fait de glace d'eau et de composés organiques, entouré de gaz et de poussières, constituant la « coma ». Cette dernière est produite par la désagrégation progressive du noyau, lorsque la comète se rapproche du Soleil, au cours de son périple dans le Système solaire.

Les gaz de la coma sont riches en molécules carbonées, y compris des composés simples d'intérêt prébiotique, tels que l'acide cyanhydrique ou le formaldéhyde. Il en est de même des particules qui, d'ailleurs, sont une source permanente de poussières interplanétaires. L'analyse des grains émis par le noyau de la comète de Halley, principalement grâce aux instruments des sondes Giotto et Vega, montre qu'ils possèdent plus de 30 % de matière organique, contenant surtout, outre le carbone (C), des atomes d'hydrogène (H), d'oxygène (O) et d'azote (N). Ils ont pour cette raison été baptisés « CHON ». Leur structure semble complexe et n'est pas encore précisée. Certains ont cru y voir des polymères du formaldéhyde, d'autres des molécules organiques complexes, incluant des bases puriques et pyrimidiques.

Cependant, il ne semble pas que l'on puisse déduire avec une confiance suffisante la structure de cette matière organique, à partir des données fournies par ces instruments. En effet, les matériaux ont été vraisemblablement pyrolysés lors de leur impact dans les instruments de mesure, par suite de leur très grande vitesse. De plus, il me semble très improbable que l'évolution du milieu complexe dont sont issues ces poussières puisse donner naissance à un polymère parfaitement ordonné, sans qu'il y ait simultanément formation d'une fraction importante de « déchets » organiques, analogues aux produits carbonés solides obtenus lors des expériences de simulation en laboratoire. Or de tels « déchets » ne sont pas simultanément mis en évidence. Restons donc encore prudents et continuons d'appeler « CHON » cette matière organique cométaire, comme le font les spécialistes rigoureux et honnêtes de la chimie des comètes.

En fait, ces petits corps parcourent des orbites instables qui traversent celles des planètes. Il leur arrive d'entrer en collision avec ces dernières, sous nos yeux ! La capture de la comète Shoemaker-Levy 9 par Jupiter en 1994 en est un exemple... frappant. C'est aussi un exemple concret de l'impact d'un objet de plusieurs kilomètres de rayon moyen sur une atmosphère planétaire, qui récupère ainsi plusieurs milliards de tonnes d'eau et de matériaux organiques extraterrestres. La question est de savoir sous quelle forme cette matière organique est effectivement récupérée.

Car du noyau cométaire, nous n'avons vu que la surface, une carapace noirâtre dont nous ne connaissons pas encore la structure chimique. Nous n'avons pas d'information directe sur sa composition chimique interne. Nous pouvons la déduire de celle des gaz et poussières éjectés du noyau, en supposant que cette dernière reflète la composition interne du noyau cométaire. Mais cette extrapolation est-elle valide ? Quelle est la nature réelle de ces CHON ? Malgré les basses températures (environ - 100 °C), défavorables au déroulement des réactions chimiques, la présence simultanée de matière organique et d'eau (bien que gelée) dans le noyau suggère que des réactions prébiotiques importantes peuvent s'y dérouler. Jusqu'à quel degré de complexité ?

La réponse à ces questions nécessite d'aller voir de beaucoup plus près les comètes, et surtout leur noyau. C'était l'objectif primordial de la mission américaine CRAF (*Comet Rendez-Vous and Asteroïd Fly-By*, une mission couplant le survol d'une comète et celui d'astéroïdes). Pour des raisons budgétaires, la NASA a dû abandonner ce projet. Il faudra donc attendre les

Les comètes, importatrices de matériaux organiques extraterrestres.
La comète P/Halley repasse nous voir tous les soixante-seize ans. Cette photographie a été prise en 1910. En 1986, des sondes européennes (Giotto), soviétiques (Vega) et japonaises (Suisei et Sakigake) avaient rendez-vous avec Halley. Les premières ont quasiment frôlé le noyau de la comète et ont pu mettre en évidence que celui-ci est très riche en matériaux organiques complexes.
Ph. © Harvard College Observatory / SPL / Cosmos.

années 2000 et la mission Rosetta, actuellement en cours d'étude par l'Agence spatiale européenne (ESA). Il s'agit d'un projet très ambitieux incluant l'envoi d'un vaisseau vers une comète, le survol de celle-ci et la pose d'un module sur son noyau, afin d'en effectuer l'analyse chimique *in situ*. Je pense que ce projet grandiose ne pourra se faire que dans le cadre d'une réelle coopération internationale ; c'est déjà ce qui est prévu puisque l'ESA, avec ses différents États membres, ainsi que la NASA sont impliquées. J'espère ardemment qu'il verra le jour : les comètes font partie des corps planétaires les plus importants pour l'exobiologie et les missions cométaires ont été trop rares jusqu'à présent.

D'autres laboratoires naturels de chimie organique extraterrestre

La chimie du carbone est aussi largement présente dans le Système solaire extérieur (la partie du Système solaire située à l'extérieur de la ceinture d'astéroïdes). Les planètes extérieures, de Jupiter, la plus proche et la plus géante, à Neptune et sans doute à Pluton, la plus lointaine et la moins bien connue, possèdent une atmosphère faite majoritairement d'hydrogène et d'hélium, et contenant des fractions notables de méthane. Ces atmosphères sont le siège de chimies conduisant à des composés organiques, induites par le rayonnement ultraviolet du Soleil, par les électrons piégés dans les magnétosphères* planétaires et même, au moins dans le cas de Jupiter, par des éclairs d'orage. Ces chimies organiques en atmosphère très hydrogénée sont variées et témoignent de la diversité des processus chimiques imaginables dans une atmosphère planétaire. Elles nous permettent, entre autres, de tester la validité de nos simulations en laboratoire. En accord avec les données des expériences, la chimie organique dans Jupiter semble dominée par le couplage entre la chimie du méthane et celle de l'ammoniac. Dans Saturne, la phosphine – un dérivé hydrogéné du phosphore – remplace l'ammoniac, et dans Neptune c'est sans doute l'azote moléculaire.

Plusieurs hydrocarbures ont déjà été détectés dans ces atmosphères, ainsi que l'acide cyanhydrique dans celles de Jupiter et de Neptune. Les couleurs à dominante marron orangé de Jupiter, qui rappellent fortement celles des produits solides obtenus dans les simulations expérimentales, pourraient être dues à des composés organiques colorés. Dans le système de Neptune se trouve un satellite, Triton, qui est aussi extrêmement intéressant. Les photographies prises par la sonde Voyager lors de son passage en 1989 montrent une surface partiellement couverte de matériaux noirâtres. Il s'agit vraisemblablement de matériaux organiques produits par l'irradiation du méthane et de l'azote présents aussi à la surface, mais en phase solide, compte tenu des très basses températures du satellite. Une chimie organique active se déroule donc aux confins du Système solaire, malgré l'éloignement extrême du Soleil.

Un laboratoire prébiotique de référence : Titan

De tout le Système solaire extérieur, la planète qui me semble la plus intéressante pour l'exobiologie est Titan, le plus grand satellite de Saturne. Seul satellite du Système solaire à posséder une atmosphère dense (la pression à la surface de Titan est une fois et demie celle à la surface de la Terre), Titan est aussi le seul dont on ne voit pas la surface, laquelle est masquée par d'épaisses brumes de particules organiques. L'atmosphère de Titan est constituée majoritairement d'azote avec plusieurs pour-cent de méthane et une très faible fraction d'hydrogène. D'après les résultats des expériences de simulation en laboratoire, il s'agit d'une des meilleures atmosphères prébiotiques. Elle devrait contenir de très nombreux composés organiques, hydrocarbures et nitriles principalement. En parfait accord avec ces prévisions, l'exploitation des données spectroscopiques de la mission Voyager et des observations qui ont eu lieu, depuis, à partir du sol terrestre a mis en évidence la présence de plusieurs de ces composés dans l'atmosphère de Titan. La liste – déjà longue – de ces molécules comprend plusieurs des nitriles qui jouent un rôle fondamental dans la chimie prébiotique terrestre, comme l'acide cyanhydrique et le cyanoacétylène.

Titan présente beaucoup d'analogies avec notre globe. Son atmosphère, comme celle de la Terre, renferme des composés à effet de serre (le méthane équivalant à l'eau sur Terre et l'hydrogène au gaz carbonique) qui tendent à la réchauffer, et des composés (les aérosols) à « anti-effet de serre » qui tendent à la refroidir. De plus, les températures de l'atmosphère de Titan, bien que beaucoup plus basses que celles de notre planète, varient avec l'altitude de manière très similaire à celles de l'atmosphère terrestre. Les ressemblances vont encore plus loin : les modèles de la

La mission Cassini-Huygens. *Cassini emportera en 1997 une douzaine d'instruments pour photographier, analyser, mesurer Saturne et Titan, à partir de 2004 et pendant plusieurs années. La sonde, larguée dès la première orbite du vaisseau, descendra au bout d'un parachute dans l'atmosphère de Titan. Pendant les deux heures et demie que durera cette descente, six instruments effectueront des mesures, y compris des analyses permettant de déterminer la composition chimique de l'atmosphère, des aérosols et, si la sonde survit à l'impact, la nature physique et la composition chimique de la surface.* Ph. © Esa / Estec.

surface de Titan suggèrent qu'elle est couverte d'océans. Il ne s'agit pas d'océans d'eau car la température y est trop basse (environ – 180 °C), mais de méthane et d'éthane liquides. Aussi, la chimie organique doit être présente dans les trois composantes – air, aérosols et océans – de ce que l'on peut appeler, pour prolonger l'analogie terrestre, le « géofluide » de Titan. De nombreux couplages chimiques et physiques doivent exister dans ces trois composantes et y gouverner la formation et l'évolution de la matière organique.

Titan apparaît donc comme une véritable planète-laboratoire de chimie prébiotique : un réacteur à l'échelle planétaire, où une chimie – avec toute la complexité d'un environnement réel – analogue à celle qui a conduit à la vie terrestre est en train d'opérer. Une seule différence de taille existe : la chimie de Titan se déroule à basse température et, conséquence directe, sans eau liquide. C'est pourquoi je suis persuadé qu'aller voir sur Titan jusqu'où a évolué une telle chimie organique devrait indirectement nous permettre de quantifier l'importance de l'eau liquide dans l'évolution chimique et de préciser son rôle en exobiologie.

C'est précisément l'un des objectifs de la mission Cassini-Huygens. Développée conjointement par l'ESA et par la NASA, elle consiste en l'envoi d'un vaisseau (Cassini) qui se mettra en orbite autour de Saturne et de Titan et larguera une sonde (Huygens) dans l'atmosphère de Titan. Dans le cadre de cette mission, plusieurs scientifiques interdisciplinaires (IDS) vont étudier un domaine particulier, en utilisant de façon corrélative les données de plusieurs instruments. Un des programmes IDS porte spécifiquement sur l'étude de la chimie de Titan et de l'exobiologie. Il est clair que, dès 2004, date de l'arrivée programmée de Cassini dans le système de Saturne (lancement en 1997), notre connaissance de la chimie organique de Titan et de ses implications exobiologiques franchira une étape décisive.

L'espace pour communiquer

Si la vie n'est pas un phénomène propre à la Terre, si l'évolution chimique a pu conduire à la présence d'êtres vivants sur d'autres planètes, autour d'autres étoiles, pourquoi ne pas supposer que l'évolution biologique a, là-bas aussi, pris la relève et conduit à une large diversité d'espèces ? Parmi ces espèces, certaines ont pu, comme sur Terre, évoluer vers une vie intelligente et technologiquement avancée. Si nous réussissons à entrer en contact avec ces hypothétiques civilisations, nous aurons immédiatement la preuve de l'universalité de la vie, et, simultanément, de la pluralité des mondes habités d'êtres intelligents.

Communications interplanétaires

L'idée de contact avec les habitants d'autres mondes ne date certainement pas d'hier. Mais c'est seulement à partir du siècle dernier que l'on commence à concevoir des expériences techniquement réalisables pour montrer notre présence aux extraterrestres. Dès 1820, l'astronome, mathématicien et physicien Carl Gauss (1777-1855) propose de construire en Sibérie de gigantesques figures géométriques, qui pourraient être observées par les télescopes d'éventuels habitants d'autres planètes du Système solaire. La détection, par exemple, d'un grand triangle droit avec des carrés sur chacun de ses côtés à la surface de notre planète aurait non seulement été le signe d'une vie intelligente sur celle-ci, mais aussi un moyen pour nos observateurs extraterrestres d'évaluer le niveau de notre intelligence, en suggérant notre compréhension du théorème de Pythagore ! On propose aussi de construire dans le désert du Sahara des fossés immenses, de les remplir de pétrole et d'y mettre le feu. Ce spectacle visible d'astres proches, principalement de Mars, et observable par les créatures y vivant aurait constitué un signe évident de notre existence. On va jusqu'à suggérer la création d'un réseau de miroirs tout autour de l'Europe, réfléchissant la lumière du Soleil jusqu'à la planète Mars, afin de montrer notre présence aux Martiens... éblouis.

Les artistes du peuple de Nasca, qui ont dessiné dans la pampa péruvienne les célèbres et encore mystérieuses figures qui portent à présent leur nom, ont eux aussi créé des images gigantesques, signes de la présence d'une civilisation intelligente sur la planète Terre. Mais ces signes s'adressaient sans doute davantage aux dieux du ciel qu'à d'éventuels observateurs extraterrestres, bien que certains croient y voir des pistes d'atterrissage pour des vaisseaux spatiaux venus d'ailleurs.

Aujourd'hui, les résultats des données de Viking suggèrent fortement que toute vie est absente de Mars. Or la planète rouge était certainement le meilleur candidat, de toutes les planètes qui nous entourent, pour la recherche de vie extraterrestre. Bien sûr, le Système solaire ne nous a pas encore révélé tous ses secrets. Certains voient même dans ses parties lointaines des niches écologiques possibles : c'est le cas d'Europe, l'un des satellites de Jupiter. Toutefois, ces visions sont très spéculatives, et il semble probable que la Terre soit (actuellement) la seule planète habitée du Système solaire. En tout cas, elle est certainement la seule abritant une vie intelligente. Si nous voulons accroître nos chances de détecter une vie ailleurs, il nous faut sortir du Système solaire.

Communications interstellaires

Nous avons commencé à envoyer des vaisseaux vers d'autres étoiles. Les sondes Pioneer X et Pioneer XI, lancées successivement en 1972 et en 1973, sont sorties du Système solaire. Les sondes Voyager 1 et Voyager 2, lancées en 1977, sont en train de le quitter. Ces vaisseaux ne sont pas habités. Ils ne rencontreront pas de système planétaire (s'ils en rencontrent) avant environ cent mille ans (le temps nécessaire pour qu'ils parcourent la distance séparant le Soleil de l'étoile la plus proche). Ces vaisseaux, premiers objets terrestres à quitter le Système solaire, transportent toutefois des messages de l'humanité aux éventuels extraterrestres (intelligents) qu'ils croiseront au cours de leur voyage sans retour. Ces envois sont bien sûr symboliques : aucune réponse n'est attendue. Mais ils présentent au moins deux intérêts majeurs. Le premier est qu'ils ont conduit les scientifiques à étudier de façon rationnelle la forme et le contenu de messages à l'intention de civilisations extraterrestres. La missive de Pioneer X et de Pioneer XI est un dessin fournissant des informations sur ses expéditeurs, leur biologie, leur planète. Elle utilise des langages supposés universels : les mathématiques (le système numérique à base 2) et l'astronomie (les pulsars). Celui des sondes Voyager est plus sophistiqué : c'est un vidéodisque plein d'images et de sons de notre planète. Le second intérêt de ces envois est de montrer que la possibilité d'existence d'autres mondes habités est sérieusement prise en compte au niveau politique.

En fait, c'est un autre message, adressé lui aussi volontairement aux civilisations extraterrestres, qui arrivera à destination le premier. C'est un message codé, une succession de 0 et de 1 : une fois décrypté en une image de 23 x 73 caractères, il représente une figure analogue à celle du message des sondes Pioneer. Il a été émis pendant cent soixante-neuf secondes, le 16 novembre 1974, à partir du radiotélescope d'Arecibo, vers l'amas globulaire M13. Ce halo d'étoiles, découvert par l'astronome Charles Messier, est situé à environ vingt-cinq mille années-lumière. Le message mettra donc vingt-cinq mille ans pour atteindre sa destination, car, utilisant les ondes hertziennes (l'émission fut effectuée à la fréquence de 2 380 MHz, soit une longueur d'onde de 12,6 cm, imposée par les caractéristiques de l'émetteur), il se déplace à la vitesse de la lumière.

L'idée est simple : une civilisation extraterrestre technologiquement avancée doit avoir la maîtrise des ondes radio : nous la possédons bien depuis plus de cent ans. Si elle pointe ses antennes d'une façon quasi permanente vers notre étoile, en écoutant à la bonne fréquence, elle a toutes les chances de capter notre message. Réciproquement, pourquoi ne pas écouter, nous aussi, l'espace afin de repérer leurs éventuels messages ? C'est ce que proposent en 1959 les physiciens américains Giuseppe Cocconi et Philip Morrison. Ils estiment que les ondes électromagnétiques sont les plus intéressantes pour communiquer, car elles peuvent se déplacer à la vitesse de la lumière et, si l'on choisit la bonne fréquence, elles peuvent parcourir des distances interstellaires sans être absorbées.

Mais quelle fréquence choisir ? Même si l'on se limite aux ondes radio, le domaine est extrêmement large (l'exemple du récepteur radiophonique terrestre est illustratif). Pour les deux physiciens américains, une fraction seulement de ce domaine doit être considérée. Aux fréquences inférieures à environ 100 MHz, le bruit de fond naturel du cosmos risque de masquer tout signal artificiel. Aux fréquences supérieures, à quelque 1 000 à 10 000 MHz, c'est l'atmosphère terrestre qui devient limitante. La bande de fréquences favorables reste cependant très importante. Toutefois, Cocconi et Morrison font aussi remarquer qu'il doit exister des fréquences privilégiées, liées à des phénomènes physico-chimiques universels, et susceptibles d'être connues de nos correspondants extraterrestres. C'est particulièrement le cas de la fréquence 1 420 MHz : elle correspond à la signature de l'atome d'hydrogène (longueur d'onde de 21 cm), l'élément le plus abondant de l'Univers.

En 1960, le radioastronome Frank Drake, suivant l'idée de ses deux collègues physiciens, effectue la première expérience d'écoute SETI. Il pointe le radiotélescope de l'observatoire de Greenbank, en Virginie, vers deux étoiles proches : Tau Ceti et Epsilon Eridani. Ces soleils, analogues au nôtre, situés à onze années-lumière, semblaient alors de bons candidats, susceptibles de posséder des systèmes planétaires. Drake « écoute » pendant trois mois, à la fréquence de 1 420 MHz. Le projet Ozma (c'est le nom choisi par Drake, clin d'œil au pays magique d'Oz et à sa reine Ozma du conte de la littérature enfantine américaine *Le Magicien d'Oz*) ne détecte aucun message d'intelligence extraterrestre. Mais cette expérience marque le point de départ des recherches SETI, et confirme le besoin de disposer, pour ces recherches, d'instruments plus spécifiques, permettant d'explorer une large gamme de fréquence pendant des temps très longs.

Cette approche induit, bien sûr, de nombreuses questions. Elle repose sur une cascade d'hypothèses qui la rendent fragile. Frank Drake a essayé de rationaliser le problème, à l'aide d'une formule qui porte à présent son nom et qui tend à estimer le nombre des civilisations présentes dans notre galaxie et capables de communiquer (voir annexes, p. 115). Pratiquement tous les paramètres inclus dans cette formule sont extrêmement difficiles à évaluer. Les paramètres astrophysiques font appel aux données sur les systèmes planétaires. Or, nous n'en avons actuellement qu'un seul exemple : le nôtre. Les paramètres biologiques, eux, font appel à notre connaissance des processus conduisant à l'apparition de la vie et à son évolution : là aussi nous ne disposons que du seul exemple terrestre. Cette formule a toutefois une énorme qualité : réunissant des paramètres de domaines scientifiques très différents, elle montre de façon simple mais frappante que l'exobiologie ne peut avancer qu'à travers une approche réellement pluridisciplinaire.

Une autre vie ?

Une autre chimie ?

La chimie prébiotique terrestre, la chimie de la vie qui en a émergé, est fondée sur le carbone, plus précisément sur la matière carbonée et sur l'eau liquide. Depuis que les radioastronomes écoutent le ciel, ils n'ont pas repéré de message de civilisation extraterrestre, mais ils ont découvert une centaine de molécules différentes dans l'espace interstellaire. Ces molécules sont, en grande majorité, organiques ; l'eau figure aussi parmi les plus abondantes. Il est donc raisonnable de penser que la chimie du carbone, en présence d'eau (même liquide), n'est pas limitée à notre Système solaire, ni à notre galaxie. Cette solution est-elle unique ? Peut-on envisager d'autres chimies, d'autres solvants ?

Le carbone est un élément simple, relativement petit et léger ; il a une position centrale dans le tableau de classification périodique des éléments. Cette position lui confère une propriété qui me semble indispensable pour former des structures biologiques : il se lie par covalence avec de très nombreux éléments. Ces liaisons sont suffisamment solides pour conduire à des édifices chimiques stables, mais elles sont aussi assez fragiles pour pouvoir être dissociées et permettre une évolution de ces édifices. Dans la classification périodique de Mendeleïev, les éléments d'une même colonne ont des propriétés voisines. La logique veut donc que ce soit là qu'il faille rechercher en priorité pour établir une nouvelle biochimie. Le carbone étant le premier de sa colonne, c'est l'élément situé immédiatement au-dessous que nous devons considérer : le silicium. Atome plus lourd que le carbone, mais abondant dans l'Univers (bien que moins que le carbone), il possède des propriétés analogues, conduisant aussi à des édifices covalents. Cependant les liaisons sont beaucoup plus solides, beaucoup trop pour envisager de pouvoir fabriquer un système vivant capable d'évoluer naturellement.

Une vie naturelle (par opposition à une vie artificielle, faite de robots) construite à partir de silicium semble peu probable. En revanche, pour ce qui est du solvant, l'unicité du choix me semble moins évidente. Bien sûr, l'eau (H_2O) liquide est un solvant merveilleux, doté de propriétés physiques, en particulier électromagnétiques, lui permettant d'attirer, de repousser, de mélanger, de lier et de dissocier des millions de molécules différentes. Elle garde l'état liquide dans une large gamme de températures (0 à 100 °C, sous une pression de une atmosphère). L'eau est certainement le meilleur choix, mais il existe des solvants de substitution. Le plus proche analogue de l'eau est l'ammoniac (NH_3). Ce solvant possède des propriétés électromagnétiques voisines de celles de l'eau, mais présente quelques désavantages par rapport à elle. L'ammoniac est liquide à plus basse température, et sur une gamme plus étroite (- 78 °C à - 33 °C). Du fait des températures plus basses, les réactions qui ont lieu dans ce solvant sont plus lentes que leurs analogues dans l'eau. Sa destruction (par le rayonnement UV solaire) conduit à l'azote moléculaire, qui n'absorbe pas le rayonnement UV moyen, alors que celle de l'eau conduit à l'oxygène, et à l'ozone, qui, lui, absorbe. Toutefois, l'ammoniac est un solvant qui donne lieu à de multiples réactions, dont certaines sont analogues aux réactions biochimiques. Enfin, bien que moins abondant que l'eau, l'ammoniac est très répandu dans le cosmos et semble aussi une molécule universelle. A nouveau, une biochimie fondée sur l'ammoniac est une hypothèse que l'on ne peut écarter totalement, mais qui semble peu probable.

D'autres biochimies ?

La chimie du carbone, même si on la limite à l'eau liquide en tant que solvant, offre un très large éventail de possibilités de structures et de réactions. Les recherches développées depuis peu dans le domaine de l'origine de la vie pour essayer de mettre en évidence d'autres nucléotides, moins performants que ceux qui constituent les acides nucléiques contemporains, mais plus simples, partent précisément de cette idée.

Les organismes vivants actuels semblent toutefois utiliser des systèmes biochimiques optimisés. Il n'est pas certain que l'on puisse faire mieux que l'ensemble acide nucléique/protéine, dans les conditions de l'environnement terrestre, si ce n'est que la chiralité des briques de ces macromolécules pourrait être inversée sans modification notable de leurs performances. Il paraît donc très probable que, si une vie extraterrestre utilise la chimie du carbone dans l'eau liquide, sa biochimie peut être différente de la nôtre, mais cette différence doit être d'autant plus faible que la planète qui abrite cette autre vie est semblable à la Terre.

En revanche, si cette hypothétique vie extraterrestre utilise un autre solvant que l'eau liquide (ce qui signifie qu'elle a pu se développer sur une planète aux conditions très différentes de celles de la Terre), alors je pense que sa biochimie et sa biologie peuvent être fondamentalement différentes de ce que nous connaissons. Prenons le cas de l'ammoniac (NH_3). Remplacer H_2O par NH_3 suppose en fait une chimie organique sans atomes d'oxygène. C'est un peu ce qui se passe sur Titan où la principale source d'atomes d'oxygène (le monoxyde de carbone) est à une concentration trop faible pour que cet atome intervienne de façon importante dans les mécanismes. On peut alors essayer de bâtir une autre biochimie en remplaçant systématiquement dans les structures biologiques terrestres les groupements chimiques oxygénés par des analogues azotés. Lorsque l'on se livre à cet exercice, purement théorique, on aboutit à des structures qui – *a priori* – ont peu de chance d'exister. Pourtant cette pseudo-biochimie n'est pas uniquement une « chimie sur le papier » : beaucoup des structures ainsi inventées peuvent être fabriquées en laboratoire.

Formes, intelligences et technologies

Une vie extraterrestre moléculairement semblable à la nôtre demeure la moins difficile à rechercher, car c'est la seule dont nous connaissons, même partiellement, les rouages. Supposons que grâce à l'évolution biologique, partant de formes microscopiques, la vie extraterrestre ait pu, comme son analogue terrestre, atteindre des dimensions macroscopiques. Que peut-on dire de cette vie évoluée ? Quelles formes a-t-elle pu adopter ? Nous entrons là dans un domaine de haute spéculation, qui a été bien plus exploré par les écrivains et les cinéastes de science-fiction que par les scientifiques. Il est vrai que sur ce sujet nous n'avons pas d'autre voie que de compenser notre grande ignorance par beaucoup d'imagination.

Contemplons à nouveau l'univers du vivant terrestre. L'extrême diversité de ses formes suggère fortement que, si une vie extraterrestre macroscopique existe, elle doit prendre, elle aussi, des apparences très variées, façonnées par l'évolution biologique. Aussi, la probabilité pour que ces êtres extraterrestres soient semblables à leurs analogues terrestres paraît très faible. Bien au contraire, l'influence des conditions d'environnement, telles que gravité, densité de l'atmosphère et températures, sur l'évolution des espèces doit pouvoir conduire à des organismes très différents de ceux que nous connaissons sur Terre. On imagine difficilement que des êtres de grande taille, frêles et graciles, puissent se développer de façon harmonieuse sur une planète dense, de forte gravité.

Sur Terre, l'évolution biologique a permis l'émergence de quelques espèces vivantes dotées d'une intelligence. L'espèce humaine n'est pas la seule. D'autres animaux, parmi ceux dits « supérieurs », comme le dauphin, semblent aussi avoir acquis cet atout majeur. Mais l'homme est le seul à posséder un langage articulé, à manier la réflexion ; il est aussi le seul à avoir pu développer une technologie avancée. L'intelligence semble étroitement liée au monde animal macroscopique, un monde diversifié, mais où les êtres présentent de nombreuses caractéristiques morphologiques communes, en particulier celles liées à leur symétrie. En est-il de même de la vie intelligente extraterrestre ? Les civilisations technologiques extraterrestres avancées sont-elles faites exclusivement d'êtres humanoïdes ? Ne peut-on envisager que d'autres animaux, de morphologie très différente de celle de l'homme, comme le poulpe terrestre, puissent aussi atteindre ce stade avancé d'évolution ? Certains (humains) pensent que la recherche de telles vies est vaine, car il a fallu près de quatre milliards d'années à l'évolution biologique pour qu'émerge ce qui est considéré (peut-être à tort, et certainement de façon partiale) comme le fleuron de la vie terrestre : l'Homme. J'affirme que rien ne nous permet d'exclure que des processus analogues (et non pas identiques) ont pu se dérouler ailleurs, et plus rapidement. Mais rien ne nous permet non plus, actuellement, de prévoir la forme que peut prendre cette vie intelligente extraterrestre.

Conclusion provisoire

Les grandes découvertes du XXIe siècle seront le fruit de la pluridisciplinarité. C'est en transposant les outils théoriques et expérimentaux entre les grands champs disciplinaires considérés aujourd'hui comme classiques que la science progressera, et que notre connaissance de l'Univers, de ses objets et de ses processus grandira. L'exobiologie, avec ses nombreuses voies complémentaires et multidisciplinaires, est l'un des meilleurs exemples de ces nouveaux domaines d'exploration. Elle traduit la curiosité et le besoin de savoir et de comprendre qui ennoblissent l'espèce humaine. Nous sommes bien loin d'avoir saisi tous les mystères des origines et de l'évolution de la vie terrestre. Mais je pense qu'il n'est pas nécessaire d'attendre d'en connaître tous les secrets avant d'aller chercher ailleurs.

En avons-nous le droit ? N'y a-t-il pas suffisamment de problèmes à résoudre sur Terre, en priorité ? Bien sûr, mais je crois, justement, que leur résolution nécessite une grande diversité des approches. Je suis convaincu que les travaux liés à l'exobiologie, du laboratoire terrestre à l'espace, peuvent apporter des contributions importantes et inattendues dans de nombreux domaines plus appliqués et plus proches de notre vie de tous les jours. L'exploration spatiale a déjà montré ce type de situation. Qui aurait pu prévoir, il y a quarante ans, que le développement des ordinateurs nécessité par les recherches spatiales conduirait à l'explosion informatique que nous connaissons actuellement ?

Depuis qu'est fixée sur le muret de la rue Giordano-Bruno la petite plaque dorée à la mémoire du philosophe, elle est régulièrement fleurie. Je ne pense pas que l'on puisse voir dans ce geste une quelconque signature d'êtres intelligents extraterrestres. J'y verrais plutôt le signe que l'idée de la pluralité des mondes, y compris des mondes habités, a pu traverser les siècles en étant toujours bien ancrée dans la pensée humaine. Il s'agit à présent de faire fructifier cette idée, dans une approche parfaitement rationnelle. Encore faut-il que l'humanité devienne plus intelligente, cesse de se massacrer et de détruire sa planète. J'ai omis de préciser que, sous la plaque dorée, il y en a une autre, beaucoup plus petite. Il faut presque y coller le nez pour lire la phrase suivante : « La première plaque apposée par le comité Giordano-Bruno le 17 février 1991 a été saccagée le 1er mai 1992 par des inconnus. »

Souhaitons que cette quête de la vie dans l'Univers nous donnera suffisamment d'humilité et de sens cosmique pour nous rendre plus raisonnables.

A N N E X E S

Acides aminés et protéines, nucléotides et acides nucléiques

protéines

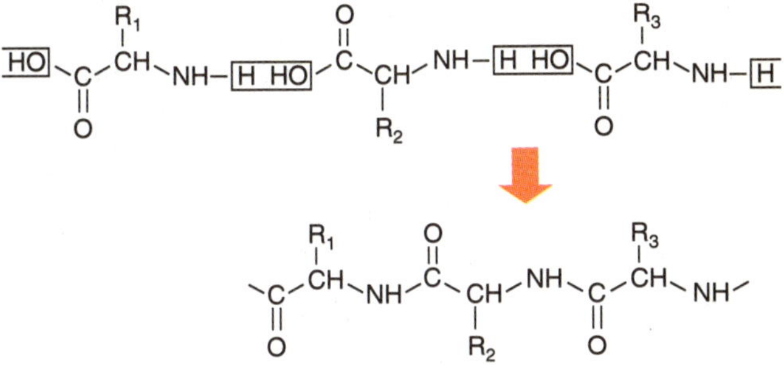

acides nucléiques

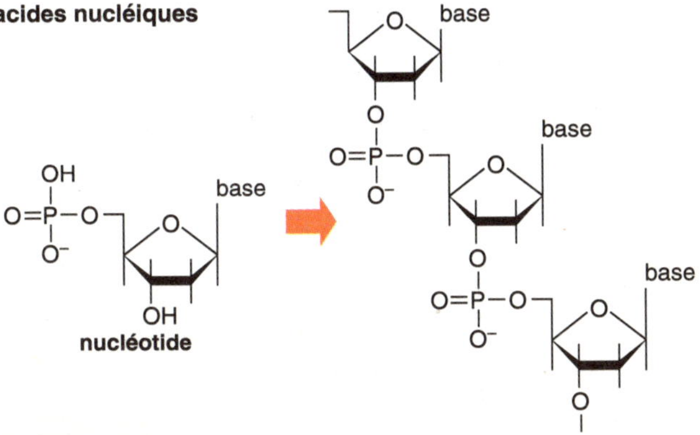

Source : *Symposium*, Encyclopædia Universalis, 1989.

Les deux grandes familles de molécules géantes fondamentales de la vie terrestre – protéines et acides nucléiques – sont constituées d'une succession de briques : acides aminés pour les premières et nucléotides pour les seconds.

Les acides aminés sont des molécules possédant un groupement acide carboxylique (COOH) et un groupement aminé (NH_2). Lorsque les deux sont séparés par un seul atome de carbone (en plus de celui du groupe COOH), l'acide aminé est appelé acide α-aminé (si deux atomes de carbone les séparent, on parle d'acide β-aminé, trois, γ-aminé, etc). Les protéines sont formées par un enchaînement d'acides exclusivement α-aminés, choisis dans une liste limitée à vingt composés différents seulement. Ils sont liés les uns aux autres de façon covalente (par liaison chimique obtenue après départ de molécules d'eau entre deux acides aminés).

Les nucléotides sont beaucoup plus complexes que les acides aminés : ils sont formés eux-mêmes de trois constituants, liés chimiquement entre eux : un phosphate inorganique, un sucre à cinq carbones (ribose dans l'ARN, désoxyribose dans l'ADN), et une molécule organo-azotée à structure cyclique, appelée base azotée, purique (double cycle) ou pyrimidique (simple cycle). Quatre bases différentes seulement, engendrant quatre nucléotides distincts, sont utilisées par chacun des deux types d'acides nucléiques. Trois de ces quatre bases sont communes à l'ARN et à l'ADN.

Les acides nucléiques résultent de la condensation des nucléotides les uns aux autres, impliquant des liaisons covalentes là aussi formées après départ de molécules d'eau.

La formule de Drake

L'astronome américain Frank Drake a proposé une formule, qui est devenue célèbre, pour estimer le nombre N de civilisations intelligentes technologiquement avancées susceptibles d'être présentes dans notre galaxie. Elle s'appuie sur notre connaissance des processus allant de l'astrophysique à la biologie.

$$N = R \times f_g \times f_p \times n_e \times f_l \times f_i \times f_a \times T$$

R : taux moyen de formation d'étoiles dans la galaxie ;

f_g : fraction de ces étoiles similaires au Soleil ;

f_p : fraction d'étoiles, parmi ces dernières, qui possèdent un cortège de planètes ;

n_e : nombre de ces planètes situées dans la zone biotherme du système planétaire considéré ;

f_l : fraction de ces n_e planètes où la vie est apparue ;

f_i : fraction des planètes où la vie évolue vers une vie intelligente ;

f_a : fraction de ces civilisations intelligentes ayant pu développer une technologie avancée ;

T : durée de vie moyenne de telles civilisations technologiquement avancées.

Notre ignorance sur la valeur de certains de ces paramètres est telle que l'on a osé dire que cette formule n'était que la concentration d'une très grande quantité d'ignorance dans un tout petit espace. La principale difficulté réside dans l'estimation des paramètres à dominante biologique (f_l à f_a) et nous n'avons que peu d'information sur le paramètre T. Aussi n'est-il pas surprenant de constater que les estimations de N vont de plusieurs milliards à... une seule unité : notre propre civilisation. Cette formule a cependant le mérite d'essayer de rationaliser la question en dressant une liste des paramètres intervenant.

Glossaire

Accrétion : mécanisme de capture de matériaux extérieurs par une planète en formation, sous l'effet de la gravitation.
Acide aminé : molécule organique, contenant un groupement acide et un groupement amine, à chacune de ses extrémités. Lorsque ces deux groupements sont séparés par un seul atome de carbone, il s'agit d'un acide α-aminé, par deux atomes, d'un β-aminé, par trois atomes de carbone, d'un γ-aminé, etc. Les acides α-aminés (du moins vingt d'entre eux) constituent les briques des protéines.
Acide désoxyribonucléique ou **ADN** : acide nucléique porteur de l'information génétique.
Acide nucléique : macromolécule biologique constituée de plusieurs polynucléotides (voir ce mot) ; il est porteur de l'information génétique (ADN) ou permet son transfert (ARN).
Acide ribonucléique ou **ARN** : acide nucléique permettant le transfert de l'information génétique lors de la duplication.
ADN : voir acide désoxyribonucléique.
ARN : voir acide ribonucléique.
Autotrophe : système vivant capable de fabriquer ses briques biologiques à partir des matériaux inorganiques de l'environnement où il vit.

Bases puriques : molécules organiques complexes à structure cyclique, incluant des atomes d'azote. Elles sont (adénine et guanine) l'un des trois constituants des nucléotides.
Bases pyrimidiques : molécules organiques complexes à structure bicyclique, incluant des atomes d'azote. Elles sont (thymine, uracile et cytosine) l'un des trois constituants des nucléotides.

Chiralité : propriété d'une structure, en particulier chimique, de ne pas être superposable à son image dans un miroir.
Chondrite : classe de météorites (voir ce mot), hétérogènes incluant de nombreuses inclusions. Les chondrites carbonées sont des chondrites riches en carbone.
Chromatographe en phase gazeuse : instrument d'analyse chimique permettant la séparation et la détection de composés gazeux ou vaporisables.

Dégazage : élimination des gaz inclus dans un liquide ou dans un solide.

Énantiomères : composés chimiques images l'un de l'autre dans un miroir mais non superposables (voir « chiralité »).
Enzyme : protéine (voir ce mot) capable d'augmenter sélectivement la vitesse d'une réaction biochimique.
Eucaryote : être vivant fait de cellules ayant un noyau.
Évolution chimique : hypothèse selon laquelle la vie terrestre est apparue à la suite d'une lente évolution des matériaux inorganiques ou organiques simples présents dans l'environnement de la Terre primitive.
Exobiologie : science qui étudie la vie dans l'Univers : ses origines, son évolution et sa distribution.

GC-MS : instrument d'analyse chimique incluant un chromatographe en phase gazeuse (voir ce mot) couplé à un spectromètre de masse (voir ce mot).

Hétérotrophe : système vivant qui, pour fabriquer ses briques biologiques, se nourrit de matière organique synthétisée extérieurement.
Homéostasie : tendance des organismes vivants à stabiliser leurs différents paramètres biologiques, face aux contraintes du milieu extérieur.

Inorganique : concerne la chimie minérale, chimie qui ne fait pas intervenir le carbone sous une forme chimiquement réduite.
Isotopes : atomes correspondant à un même élément chimique

(c'est-à-dire ayant le même nombre d'électrons), mais différant par la masse de leur noyau. Deux isotopes possèdent des propriétés chimiques très voisines, mais réagissent avec des vitesses légèrement différentes.
Isua : région du Groenland qui possède les plus vieilles roches sédimentaires terrestres actuellement connues.

Macromolécule : molécule géante, faite d'une succession de petites molécules de structure bien déterminée, liées de façon covalente.
Magnétosphère : partie extérieure de l'environnement d'une planète possédant un champ magnétique.
Météorite : objet solide gravitant dans l'espace interstellaire, capturé par une planète.
Micromètre ou micron : millionième de mètre.
Molécule : ensemble d'atomes liés de façon covalente.
Monomère : molécule simple représentant l'unité qui constitue un polymère ou une macromolécule (voir ces mots).

Nucléotide : monomère de polynucléotide. Un nucléotide est composé de trois molécules liées de façon covalente : un sucre, un phosphate et une base purique ou pyrimidique.

Organique : relatif à la chimie du carbone.

Photon : particule sans masse qui compose la lumière.
Photosynthèse : mécanisme biologique permettant la transformation du gaz carbonique en sucre sous l'action de la lumière.
Polymère : macromolécule composée d'un nombre restreint de monomères différents, répétés un très grand nombre de fois.
Polynucléotides : polymère de nucléotides.
Polypeptide : un peptide étant lui-même un assemblage moléculaire de plusieurs acides aminés, un polypeptide est un peptide de très grande taille : un polymère constitué de l'assemblage d'un très grand nombre d'acides aminés liés les uns aux autres.
Prébiotique : relatif aux processus physiques et chimiques qui peuvent conduire à l'apparition de systèmes vivants, à partir de matériaux simples.

Précurseur : molécule dont l'évolution en solution aqueuse peut conduire à un composé complexe, en particulier d'intérêt biologique.
Procaryote : être vivant unicellulaire dont la cellule n'a pas de noyau apparent.
Protéine : macromolécule biologique constituée de polypeptides, formés par l'enchaînement d'un très grand nombre d'acides aminés.
Protéine de structure : protéine assurant la cohésion des édifices biologiques.
Protéine-enzyme : protéine jouant le rôle de catalyseur spécifique des réactions biochimiques (voir aussi : enzyme).
Pyrolyse : processus de vaporisation et dégradation de matériaux, en particulier organiques, par chauffage à haute température.

Racémique : se dit d'un mélange en proportions égales de deux énantiomères.
Rayons cosmiques : particules de haute énergie présentes dans l'espace.
Ribosome : élément de la cellule où s'effectue la synthèse des protéines : c'est la véritable usine de la cellule.

SETI : de l'anglais «*Search for Extra-Terrestrial Intelligence*» : recherche de signaux d'intelligence extraterrestre par écoute du cosmos.
Spectromètre de masse : instrument d'analyse physico-chimique, permettant l'identification de substances chimiques.

Thermodynamique : partie de la physique qui étudie les relations entre mécanique et chaleur, et en particulier les conditions d'équilibre.

Vent solaire : ensemble des particules constamment émises par le Soleil.

Bibliographie

Origines de la vie

BRACK, A., RAULIN, F., *L'Évolution chimique et les Origines de la vie*, Masson, coll. « Les grands problèmes de l'évolution », 1991.
DANCHIN, A., *Une aurore de pierres : aux origines de la vie*, Le Seuil, 1990.
DUVE, C. de, *Construire une cellule : essai sur la nature et l'origine de la vie*, InterÉditions, 1990.
OPARIN, A. I., *L'Origine de la vie sur la Terre*, Masson, 1965.
ROSNAY, J. de, *L'Aventure du vivant*, Le Seuil, 1988.
SHAPIRO, R., *L'Origine de la vie : le sceptique et le gourou*, Eshel, 1988.

Exobiologie

BYLINSKY, G., *La Vie dans l'Univers de Darwin*, Laffont, 1983.
CRICK, F., *La vie vient de l'espace*, Hachette, 1982.
DAVOUST, E., *Silence au point d'eau*, Teknea, 1988.
HEIDMANN, J., *Intelligences extraterrestres*, Odile Jacob, 1992.
PLANEL, H., *L'Espace et la Vie : un nouveau laboratoire pour la biologie et la médecine*, Larousse, 1988.
SAGAN, C., *Cosmic Connection ou l'Appel des étoiles*, Le Seuil, 1978.
SCHATZMAN, E., *Les Enfants d'Uranie : à la recherche des civilisations extraterrestres*, Le Seuil, 1986.

Astronomie et Système solaire

AUDOUZE, J., Israel, G. (sous la direction de), *Le Grand Atlas de l'astronomie*, Encyclopaedia Universalis, 1993.
ENCRENAZ, T., BIBRING, J.-P., *Le Système solaire*, InterÉditions / Éditions du CNRS, coll. « Savoirs actuels », 1987.

FESTOU, M., RIBES, J.-C., VÉRON, P., *Les Comètes, mythes et réalités*, Flammarion, 1985.
LA COTARDIERE, P. de (sous la direction de), *Astronomie*, Larousse, 1991.
LEVASSEUR-REGOURD, A.-C., LA COTARDIERE, P. de, *Halley : le roman des comètes*, Denoël, 1985.
MAURETTE, M., *Chasseurs d'étoiles*, Hachette, coll. « Questions de science », 1992.

Titres indisponibles au moment de la parution de cet ouvrage, mais dont nous conseillons la consultation en bibliothèque

FLAMMARION, C., *La Pluralité des mondes habités*, à partir de 1884, rééditions chez Marpon et Flammarion.
FLAMMARION, C., *Les Mondes imaginaires et les Mondes réels*, à partir de 1864, rééditions chez Marpon et Flammarion.
FLAMMARION, C., *Astronomie populaire*, Flammarion, 1955.
RIBES, J.-C., MONNET, G., *La Vie extraterrestre : communications interstellaires, colonisation de l'espace*, Larousse, 1990.

Références des citations

p. 58 : A. G. W. Cameron (sous la direction de), *Interstellar Communication*, p. 294, W. A. Benjamin inc., New York, 1963.
p. 79 : cité par H. S. F. Cooper dans *The Search for Life on Mars*, Holt, Rinehart & Winston, New York, 1976, p. 9.

Index

Dans la même collection

n° 1 - *L'Espace pour l'homme* de Pierre Léna
n° 2 - *La Mémoire, du cerveau à l'école* d'Alain Lieury
n° 3 - *Politiques agricoles* de Lucien Bourgeois
n° 4 - *L'Intelligence artificielle* de Jean-Gabriel Ganascia
n° 5 - *L'Insomnie* de Jean-Michel Gaillard
n° 6 - *Vivre avec les insectes* de Pierre Ferron
n° 7 - *Le Moyen-Orient* de Georges Corm
n° 8 - *L'Explosion démographique* d'Albert Jacquard
n° 9 - *La Procréation médicalisée* de Jacques Testart
n° 10 - *La Relativité* de Nayla Farouki
n° 11 - *École et Tiers Monde* de Sylvain Lourié
n° 12 - *Système Terre* d'Ichtiaque Rasool
n° 13 - *Sous l'atome les particules* d'Étienne Klein
n° 14 - *La Bande dessinée* de Benoît Peeters
n° 15 - *La Bioéthique* de Jean Bernard
n° 16 - *Nourrir les hommes* de Louis Malassis
n° 17 - *Apprendre de 0 à 4 ans* de Pierre-Marie Baudonnière et Claudine Teyssèdre
n° 18 - *Les Prisons* de Jean Favard
n° 19 - *Les Greffes d'organes* de Laurent Degos
n° 20 - *La Chine* de Lucien Bianco
n° 21 - *Le Système solaire* de Thérèse Encrenaz
n° 22 - *Les Marchés financiers* de Jean Saint-Geours
n° 24 - *La Forêt* d'Yves Birot et Jean-François Lacaze
n° 25 - *Quelles régions pour l'Europe ?* de Jean Labasse
n° 26 - *L'Afrique noire* de Thérèse Pujolle

Ont collaboré à l'ouvrage :

Édition : Catherine Cornu
Conception graphique et mise en pages : Daniel Leprince
Recherche iconographique : Marie-France Naslednikov
Illustrations : Fractale
Corrections : François Thomas, Béatrice Lecomte,
et Catherine Houchot

Photo de couverture : Yellowstone, Geyser.
© Ph. A. Thomas / Explorer

Achevé d'imprimer en mars 1994
sur les presses de
l'Imprimerie Hérissey à Évreux
N° d'éditeur : 15107
N° d'imprimeur : 64589
Dépôt légal : avril 1994